T0233496

Die Herleitung biologischer Hauptsätze

Vollrath Hopp

Die Herleitung biologischer Hauptsätze

Vollrath Hopp
Ehrenmitglied der Universität Rostock
Dreieich, Deutschland

ISBN 978-3-662-54462-4   ISBN 978-3-662-54463-1   (eBook)
DOI 10.1007/978-3-662-54463-1

Die Deutsche Nationalbibliothek verzeichnet diese Publikation in der Deutschen Nationalbibliografie; detaillierte bibliografische Daten sind im Internet über http://dnb.d-nb.de abrufbar.

Springer Spektrum

Planung: Rainer Münz

Gedruckt auf säurefreiem und chlorfrei gebleichtem Papier

Springer Spektrum ist Teil von Springer Nature
Die eingetragene Gesellschaft ist Springer-Verlag GmbH Deutschland
Die Anschrift der Gesellschaft ist: Heidelberger Platz 3, 14197 Berlin, Germany

Danksagung

Das Ergebnis einer wissenschaftlichen Arbeit ist nicht nur das Verdienst des Autors, sondern auch derjenigen Personen, mit denen längere wissenschaftliche Gespräche geführt worden sind.
  Der besondere Dank gilt

Herrn Prof. Dr. med. Dr. hab. René Gottschalk, Frankfurt am Main,
Herrn Prof. Dr. Hans Brunnhöfer, Biologe, 65795 Hattersheim, sowie
Herrn Dr. Christian Schlimm, Chemiker, 64287 Darmstadt.

Was nützen alle guten Gedanken, wenn sie nicht in eine übersichtliche lesbare Form gebracht werden. Dem Schreibbüro Marlene Weber, 65795 Hattersheim-Okriftel, gebührt ebenfalls ein großer Dank.

Prof. Dr.-Ing. Vollrath Hopp

Inhaltsverzeichnis

Wie können biologische Hauptsätze formuliert werden? [E. Biological Principles—How can These be Formulated?]

Biologie als Wissenschaft von der Erneuerung und dem Absterben biologischer Systeme. [E. Biology as Science of the Renewal and Dying of Biological Systems]

1 Rationalität und Emotionalität – bzw. Geist und Seele [E. Rationality and Emotionality or Rather Intellect and Soul]

Mit den Hauptsätzen der Thermodynamik und anderen Fundamentalgesetzen der Natur ist es wie mit den Zehn Geboten.

Sie sind einfach, aber inhaltsvoll formuliert und sind leicht verständlich.

Ihr aller Schicksal ist, dass sie von vielen Menschen gelehrt werden, aber im alltäglichen Leben des Planens, Tuns und Handelns nicht gebührend berücksichtigt werden.

Einer der Gründe liegt in der gespaltenen oder, besser gesagt, der polaren Mentalität der menschlichen Veranlagung. Damit ist die rationale und emotionale Verhaltensform angesprochen, d. h. im weitesten Sinne „Geist und Seele" [25]. Beide sind für eine Überlebensstrategie notwendig und müssen sich gegenseitig ergänzen. Sie müssen als polare Eigenschaften akzeptiert werden, die sich in ihrer Gegensätzlichkeit zum Ganzen fügen.

Wissenschaften beruhen auf Rationalität. Ohne diese gäbe es keine allgemeingültigen Erkenntnisse über die Natur und Menschen.

Das praktische Handeln von Menschen und Verhalten vieler Tiere innerhalb des Lebensverlaufs beruht in der Regel auf Emotionalität.

Natur- bzw. Ingenieurwissenschaft einerseits und Politik andererseits kommen gegenwärtig nicht zum gegenseitigen Verständnis. Wissenschaften über und von der Natur und Technik orientieren sich an den Spielregeln der Rationalität und die der Politik an denen der Emotionalität. Die Tatsache, dass der Mensch von beiden Mentalitäten geprägt wird, die sich bei entsprechender Akzeptanz und Aktivierung symbiotisch ergänzen, scheint vollends vergessen worden sein.

Die erkenntnistheoretischen Grundlagen für die technologische Entwicklung und die zunehmende Industrialisierung lieferten die drei Newton'schen Axiome

© Springer-Verlag GmbH Deutschland 2017
V. Hopp, *Die Herleitung biologischer Hauptsätze*,
DOI 10.1007/978-3-662-54463-1_1

[1a] und die Hauptsätze der Thermodynamik, die als vier Kernsätze ausformuliert worden sind (s. Anhang Abschn. Hauptsätze der Thermodynamik).

Die Thermodynamik ist im Allgemeinen und weitesten Sinne die Wissenschaft von energetischen Zuständen, den Veränderungen und Umwandlungen von Stoffen.

Ihre grundlegenden Ergebnisse sind im 19. Jahrhundert als *thermodynamische Hauptsätze* zusammengefasst worden von Rudolf Clausius (1822–1888), Hermann Ludwig Ferdinand Helmholtz (1821–1894), Josiah Willard Gibbs (1839–1903), Ludwig Boltzmann (1844–1906) und Walter Hermann Nernst (1864–1941).

Die thermodynamischen Hauptsätze gelten auch für das biologische System. Aber ein *biologisches System ist in seiner Struktur und seinen Abläufen* so hochkomplex, dass die thermodynamischen Hauptsätze wesentliche Eigenschaften des Lebens nicht vollständig abdecken.

Technische und wirtschaftliche Entwicklungen sollten das akzeptieren und berücksichtigen.

Technische Konstruktionen müssen sich an biologische Gegebenheiten ausrichten und nicht umgekehrt, wie das in den hoch entwickelten Industrieländern zu beobachten ist. Naturwissenschaftler und Ingenieure aller Fachrichtungen sollten ein Verständnis für biologische Zusammenhänge haben.

Während ihres Studiums müssen die Studenten der Natur- und Ingenieurwissenschaften auf biologische Probleme vorbereitet und dafür sensibilisiert werden.

2   Die Entwicklung naturwissenschaftlicher Erkenntnisse – Von der Mathematik über die Naturwissenschaften zu den Lebenswissenschaften [E. The Development of Natural Scientific Knowledge—From the Mathematics About the Natural Sciences to the Life Science] [26]

An der Schwelle zum Zeitalter der Naturwissenschaften und Technik sind Namen zu lesen, wie die

- des Astronomen Nikolaus Kopernikus (1473–1543),
- des Astronomen und Physikers Galileo Galilei (1564–1642),
- des Astronomen Johannes Kepler (1571–1630)
- des Mathematikers Rene Descartes (1596–1650),
- des Mathematikers Isaac Newton (1643–1727),
- des Philosophen und Mathematikers Gottfried Wilhelm Leibniz (1646–1716),
- des Naturwissenschaftlers Michail Wassiljewitsch Lomonossow (1711–1765),
- des Chemikers Justus von Liebig (1803–1873),
- des Biologen Charles Robert Darwin (1809–1882),
- des Biologen und Chemikers Louis Pasteur (1822–1895),
- des Physikers Max Ludwig Planck (1858–1947),
- des Physikers Albert Einstein (1879–1953) und

- des Physikers Niels Henrik David Bohr (1885–1962) und
- des Chemikers Ilya Prigogine (1917–2003).

Nachdem in der Mathematik ausreichende Denkmodelle und Funktionstheorien entwickelt worden waren, war es möglich, physikalische Erscheinungen in Bezug auf Ursache und Wirkung quantitativ in Zusammenhang zu bringen. Dieses allein befriedigte jedoch nicht. Die Physiker entwickelten ein reichhaltiges Arsenal verschiedener Handwerkszeuge, d. h. Messvorrichtungen, um theoretisch plausible Erkenntnisse durch Experimente auf ihre Richtigkeit zu überprüfen. Erst mit den von Physikern geschaffenen Werkzeugen konnte man sich dem Stoff zuwenden, um die Geheimnisse seiner Zusammensetzung zu lüften.

Die Zeit der wissenschaftlichen Chemie, der Wissenschaft von der Energie- und Stoffumwandlung und der Stoffcharakterisierung begann mit John Dalton (1766–1844). Er erkannte, dass alle Stoffe aus gleichartig aufgebauten Atomen oder Molekülen bestehen. Auf dieser Erkenntnis aufbauend, konnten Dmitri Iwanowitsch Mendelejew (1834–1907) und Lothar Meyer (1830–1895) eine Tabelle der chemischen Elemente herausgeben, die unter dem Namen „das Periodensystem der Elemente" bekannt geworden ist.

Der Schritt von einer beschreibenden zur messenden und analysierenden Biologie gelang erst, nachdem geeignete Werkzeuge verfügbar und genügend Kenntnisse von den Stoffen vorhanden waren. Als einer der großen Forscher des 17. Jahrhunderts entdeckte der Holländer Anton van Leeuwenhoek (1632–1723) als Erster mit dem Mikroskop die Infusorien, Blutkörperchen und Bakterien. Sowohl Leeuwenhoek als auch Galilei bauten sich ihre Mikroskope bzw. Fernrohre selbst. Neben Leeuwenhoek ist Louis Pasteur (1822–1895) als Begründer der wissenschaftlichen Biologie zu nennen.

Auf der Mathematik, Physik, Chemie und Biologie aufbauend, sind heute die fachübergreifenden Gebiete der Bio- und Gentechnik und die in alle Bereiche eindringende Informatik entstanden. Sie alle haben ihre Wurzeln in den klassischen Naturwissenschaften. Die Informatik reicht bis zu Leibniz zurück, dem Schöpfer des binären Zahlensystems. Mit der Biologie ist auch der Mensch als Forschungsobjekt in den Mittelpunkt der naturwissenschaftlichen Untersuchungen getreten. Der Mensch beginnt, sich selber zu entdecken, und zwar nicht nur in seinen Teilfunktionen, sondern in seiner Gesamtheit. Über die Biologie ist wieder der Weg zum Ganzheitsdenken zwingend geworden.

Was folgt auf die Biologie? Es werden die Soziologie und Psychologie über die Lebenswissenschaften, Life Sciences, mit ihrer breiten Interdisziplinarität sein. Die Fragen an die Soziologie und Psychologie sind schon gestellt worden. Wie werden sich die Menschen auf engem Lebensraum verhalten? Verhaltensforschung ist hier notwendig. Das Verhalten der Menschen bestimmt die Art der Kommunikation und Information. Ob die Digitalisierung der einzige sinnvolle Weg ist, muss bezweifelt werden. Als technische Methode ist sie sehr nützlich. Doch darf sie nicht das konventionell unmittelbare Gespräch zwischen Menschen ersetzen (Abb. 1).

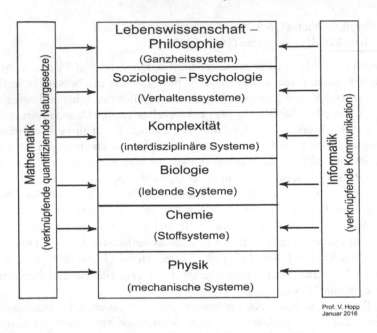

Prof. V. Hopp
Januar 2016

Abb. 1 Entwicklungsphasen der Naturwissenschaft mit Erläuterungen [E. development stages of the natural sciences with explanations]

Es gilt, die Weichen für neue Denkansätze zu stellen, um das Wesentliche und die speziellen Eigenschaften der biologischen Systeme so weit wie möglich offen zu legen.

Neben der Erkenntniserweiterung bzw. der Suche nach dem „Stein des Weisen" soll auch dem Irrtum entgegengewirkt werden. Die moderne Menschheit kann in ihrem Sinne mit technischen Hilfsmitteln das *Lebendige* schlechthin manipulieren und ihrem Machbarkeitswillen unterordnen.

3   Beschreibung einiger Eigenschaften biologischer Systeme [E. Some Properties of the Biological Systems] [14, 27]

Niels Bohr (1885–1962), der große dänische Physiker, sagte einmal im Zusammenhang mit der Deutung der Quantentheorie, „dass es nicht Aufgabe der Physik ist, zu sagen, wie die Natur sei, sondern lediglich, was über die Natur gesagt werden kann". Wandelt man diese Formulierung in Bezug auf die Biologie um, dann folgt daraus, dass es nicht die Aufgabe der Biologie ist, zu sagen, was das Leben sei, sondern lediglich, was über das Leben gesagt werden kann.

3.1   Sichtbare und wahrnehmbare Erscheinungsformen des Lebens *[E. Visible and Perceptilble Manifestation of the Life]*

Dies sind die *Stoffwechselprozesse* (Metabolismus)[1], bei denen zwischen den Abbauprozessen (Katabolismus)[2] und Aufbauprozessen (Anabolismus)[3] zu körpereigenen Stoffen zu unterscheiden ist. Metabolismus ist im thermodynamischen Sinne der Umsatz von freier Energie. In biologischen Systemen gibt es keine Rest- und Abfallstoffe. Was bei einer Spezies Ausscheidungsstoffe sind, dient der anderen als Nahrungsquelle. Somit entsteht eine in sich recycelbare Umwandlungskette von freier Energie und Stoffen (s. Abb. 6, 7, 8 und 9).

Folgende Energieformen sind auszumachen:

- die *Fortpflanzung* (Selbstreproduktion)[4],
  durch sie wird die Weitergabe der hochkomplexen Struktur lebender Systeme sichergestellt. Sie muss nicht in jeder Generation von der Natur neu erfunden werden.
- die *Kommunikation*[5] (Reizung) mit der Folge von Information und passiver sowie aktiver Bewegung.
- die *Anpassungsfähigkeit* an sich verändernde Lebensbedingungen in der Umwelt (Adaptation)[6]. Biologische Systeme sind für relativ große Belastungstoleranzen (-bereiche) sehr stabil. Das sichert ihnen ein hohes Maß an stofflicher und energetischer Stabilität gegenüber ihrem Umfeld. Nach Auffassung des deutschen Physiologen und Anatomen Caspar Friedrich Wolff (1733–1797) und des französischen Naturforschers Jean Baptiste Antoine Pierre de Monet Lamarck (1744–1829) können die während eines Lebensablaufs von Individuen erlernten Veränderungen und Fähigkeiten auch auf ihre Nachkommen übertragen werden. Diese häufig umstrittene Anschauung wird heute von der Epigenetik[7] eindeutig vertreten. C. V. Wolff als einer der Begründer der Entwicklungsgeschichte hat seine Überlegungen in seiner Dissertation *„Theoria generationes"* schriftlich erläutert.
- die vererbbare Anpassungsfähigkeit (Mutation)[8], das ist die Veränderung der DNS, d. h. der Gene, die je nach Einflussfaktoren spontan oder über viele Generationsfolgen evolutionär als Selektionsdruck eintreten kann (s. Abschn. 3 im Anhang).

---

[1]Metabole (gr.) – Umwandlung; Veränderung.

[2]Katabole (gr.) – Niederschlag, Abbau.

[3]Anabole (gr.) – Aufwerfung, Aufbau.

[4]Reproducere (lat.) – nachbilden.

[5]Communis (lat.) – gemeinsam.

[6]Adaptare (lat.) – anpassen an.

[7]Epigenetisch – nachfolgend, aufeinander folgend; (gr.: epi – über, auf, an, hinzu; gr.: genesis – Entstehung).

[8]Mutare (lat.) – wechseln, verändern.

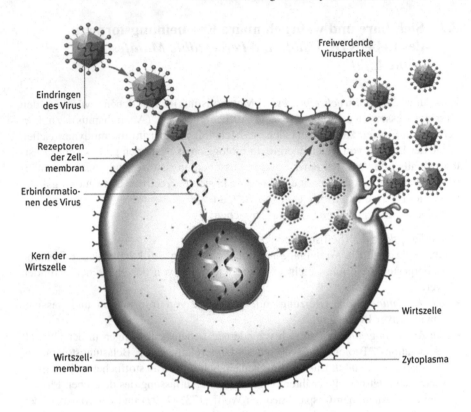

Abb. 2 Wirtzelle mit Virus [E. cell host with virus]

3.2 Spezielle Eigenschaften der Viren *[E. Special Properties of Viruses]*

Viren (virus, lat. – Schleim, Gift) sind Kleinstpartikel in der Größenordnung von 10 nm bis 100 nm[9]. Sie enthalten mannigfaltige biologische Eigenschaften in Form von polymerisierten Nukleinsäuren als natives genetisches Material gespeichert. Umhüllt sind die Kleinstpartikel von strukturierten Proteinen (s. Abb. 2).

Viren haben keinen Stoffwechsel und können sich aus sich selbst heraus nicht fortpflanzen bzw. vermehren. Dazu benötigen sie Wirtszellen menschlicher, tierischer, pflanzlicher und bakterieller Natur. Letztere werden auch Bakteriophagen genannt. Die Gene der Viren funktionieren dann das biologische Verhalten der Wirtszellen in ihrem viralen Sinne um. Viren kann man als Brücke zwischen der unbelebten und belebten Materie auffassen (s. Abb. 2).

---

[9]1 Nanometer (nm) $\hat{=}$ 10^{-9} Meter (m).

4   Chemische Reaktionen in biologischen Systemen [E. Chemical Reactions in Biological Systems] [2]

4.1   Die Wechselbeziehungen zwischen dem Energie- und Stoffumsatz [E. Correlations Between Conversion of Energy and Material]

Chemie ist die Wissenschaft vom Energie- und Stoffumsatz sowie der Stoffcharakterisierung. Sie ist auch die Wissenschaft von der Reaktivität und der Struktur von Stoffen. Jede chemische Reaktion führt zu Haupt- und Nebenprodukten. Unter dem Gesichtspunkt der Evolution lösen Nebenprodukte oft die Mutationen aus und damit die biologischen Veränderungen in lebenden Systemen (Abb. 3).

Die Vielfalt der chemischen Synthese-Reaktionen wächst durch die Zahl der Reaktionsmöglichkeiten. Das geschieht durch Erschließen und Nutzung immer neuer und intensiver Energiequellen sowie durch die Eroberung des Raumes, d. h. der dritten Dimension, indem die Reaktionsprodukte immer komplexere räumliche Strukturen annehmen. Mit steigender Komplexität, z. B. bei Enzymen, nehmen auch die Reaktionsmöglichkeiten zu.

Komplexität und *Reaktivität* stehen in biologischen Systemen miteinander in Wechselbeziehung und regen sich gegenseitig an. Um dieser möglichen Uferlosigkeit Einhalt zu gebieten und einen Absturz der lebenden Systeme ins Chaos zu verhindern, ist die Notwendigkeit der *Selektion* entstanden (s. Anhang Abschn. „Hauptsätze der Thermodynamik – Die Nichtgleichgewichtsthermodynamik").

Mutation ist ein Vorgang, der von *Zufällen* bestimmt wird und sich ins Unbegrenzte fortsetzen kann. *Selektion* ist die *Notwendigkeit,* um die aus chemischen Gesichtspunkten resultierenden Reaktionsmöglichkeiten einzugrenzen, wobei die Vorgaben von der Umgebung gestellt werden, in dem sich das biologische System befindet.

Chemische Prozesse spielen innerhalb lebender Systeme eine grundlegende Rolle. Eine lebende Zelle zeichnet sich durch eine ständige Stoffwechselaktivität aus.

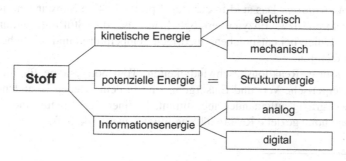

Abb. 3 Der Stoff als Energie- und Informationsspeicher sowie Umwandler [E. the matter as energy and information storage and as converter]

Unendlich viele chemische Reaktionen laufen gleichzeitig (Parallelreaktionen) und nacheinander (Konsekutivreaktionen) ab.

$$A + B \xrightarrow[E_2]{E_1} \begin{array}{l} C + P \xrightarrow{E_3} D + X \xrightarrow{E_4} \cdots\cdots\rightarrow \\ E + F \xrightarrow{E_5} G + Y \xrightarrow{E_6} \cdots\cdots\rightarrow \end{array}$$

Die für das Leben der Zelle notwendigen Stoffe werden abgebaut, zu zelleigenen Substanzen wieder aufgebaut. Zellulär nicht verwertbare Nebenprodukte werden aus der Zelle geschleust. Beim Stoffabbau handelt es sich häufig um Depolymerisationen und beim Stoffaufbau um Polymerisationen. Depolymerisation und Polymerisation stehen nicht miteinander im chemischen Gleichgewicht (s. Abs. Kinetik). Sie vollziehen sich unabhängig voneinander auf getrennten Reaktionswegen. Beispielsweise seien die Fotosynthese als Aufbaureaktionen und die Verdauungs- bzw. Atmungsreaktionen als Abbaureaktionen von Kohlenhydraten verglichen (Abb. 4 und 8).

Thermodynamisch betrachtet ist die Zelle ein offenes System. Das Zellinnere befindet sich im ständigen Energie- und Stoffaustausch mit seiner Umgebung. Während der chemischen Stoffumwandlung werden entsprechende freie Energien „ΔG" freigesetzt oder gebunden. Sie dienen zur Aufrechterhaltung der zelladäquaten Lebensvorgänge

$$A + B \xrightarrow{E_1} C + P_1 + \Delta G_1 \quad \text{(exergonisch)}$$

$$\Delta G_2 + E + F \xrightarrow{E_2} K + P_2 \quad \text{(endergonisch)}$$

Ein fein abgestimmtes Transportsystem steuert die Versorgung und Entsorgung mit notwendigen lebenserhaltenden Stoffen. Die entsprechenden *freien Energien* ΔG sind in den Stoffen als chemische Energie gespeichert. Sie werden während des Stoffumsatzes freigesetzt. Man spricht in diesem Falle von *exergonischen*[10] *Reaktionen*. Diese freien Energien dienen wieder dazu, um weitere Reaktionen mit Energiebedarf ablaufen zu lassen. In diesem Falle spricht man von endergonischen[11] Reaktionen. Damit diese chemischen Aktivitäten unter lebenszuträglichen Bedingungen und mit den erforderlichen Reaktionsgeschwindigkeiten ablaufen, bedarf es *Aktivatoren*. Das sind in der Regel proteinhaltige Substanzen, die es als Biokatalysatoren bzw. Enzyme ermöglichen, dass die Stoffumwandlungen in wässrigen Medien bei entsprechend niedrigen Temperaturen und mit hohen Reaktionsraten ablaufen.

Reaktionsorte, Reaktionsgeschwindigkeiten, Transportsysteme für die stoffliche und energetische Ver- und Entsorgung sind in dem offenen lebenden System „*Zelle*" hochgradig aufeinander abgestimmt. In einer Zellstruktur sind stoffliche Struktur und hohe gezielte Reaktivität eng miteinander verknüpft.

---

[10]Exo (gr.) – aus, heraus.

[11]Endon (gr.) – innen, hinein.

Diese koordinierten Vorgänge im Einzelnen zu beschreiben und transparent zu machen, ist nur doppelgleisig möglich, einerseits mithilfe kinetischer und andererseits mit thermodynamischen Betrachtungen.

– Kinetik [E. Kinetics]

Die *Kinetik* gibt Auskunft über die Geschwindigkeit chemischer Reaktionen. Mit ihr wird der Einfluss äußerer Faktoren wie z. B. Temperatur, Druck, Strahlung, pH-Wert, Katalysatoren (Enzyme) auf den zeitlichen Verlauf einer chemischen Reaktion untersucht. Der Parameter Zeit ist in der Kinetik ein wesentliches Kriterium. Die Einflüsse der o. g. Faktoren werden in der Regel anhand der Konzentrationsänderungen in Abhängigkeit der Zeit verfolgt. Dabei können die Konzentrationsänderungen der eingesetzten oder die der entstehenden Stoffe gemessen und mathematisch durch Differenzialgleichungen[12] beschrieben werden. Aus diesen lassen sich Rückschlüsse auf die Reaktionsmechanismen ziehen. Wie schon erwähnt, sind lebende Zellen offene Systeme und befinden sich in einem *stationären Zustand*. Die für den Stoffwechsel notwendigen Substanzen passieren die Zellmembran und gelangen in das Zellinnere. Eine entsprechende Menge an Stoffwechselprodukten verlässt in der gleichen Zeitspanne die Zellen, sodass sich die Konzentration an Stoffen im Zellinnern nicht ändert, d. h. konstant bleibt.

Das offene System Zelle befindet sich im stationären Zustand (steady rate bzw. Fließgleichgewicht). Auftretende Zwischenprodukte, die bei einer Reaktion erzeugt werden, werden bei einer anderen wieder gebraucht oder ausgeschleust.

– Thermodynamik (s. Abschn. Hauptsätze der Thermodynamik) [E. Thermodynamics, See Chapter Principles of Thermodynamics] [26]

Die *Thermodynamik* ist die Lehre von den inneren Energiezuständen von Stoffen oder Stoffsystemen, die mit den thermodynamischen *Zustandsparametern* wie Temperatur, Druck, Volumen, Masse, elektrische Spannung, Stromstärke Gravitation, Feldstärke charakterisiert werden können. Die *Zustandsgrößen* sind im Allgemeinen leicht zu messen. Aus ihnen lassen sich die thermodynamischen Zustandsfunktionen wie die Enthalpien[13], Entropien[14] oder die verschiedenen Gleichgewichtskonstanten bzw. -zustände berechnen. Dabei muss berücksichtigt

---

[12]Der mathematische Ansatz entspricht den Differenzialgleichungen der Newton'schen Bewegungsgleichungen. Sie dienen dazu, die Zustandsänderungen (Bewegung) physikalischer Systeme unter dem Einfluss äußerer und innerer Kräfte bzw. Wechselwirkungen zu erfassen. Anstelle von Konzentrationsänderungen werden die Geschwindigkeitsänderungen (Beschleunigung) beschrieben.

[13]Enthalpein (gr.) – erwärmen.

[14]Entrepein (gr.) – umkehren.

werden, ob es sich um abgeschlossene (isolierte), geschlossene, adiabatisch abgeschlossene[15] oder offene Systeme handelt. Diese vier Modellsysteme können alle den gleichen Stoff beinhalten. Sie unterscheiden sich aber in ihren Abgrenzungen und der Beschaffenheit ihrer Wände, die bei biologischen Systemen in der Regel aus Membranen bestehen.

– Stationärer Zustand [E. Stationary State]

Ein stationärer Zustand eines offenen Systems zeichnet sich dadurch aus, dass sein Zustand, d. h. die von Masse und Energie, unabhängig von der Zeit ist. Zu- und Abfuhr von Masse und Energie zwischen dem offenen System und seiner Umgebung sind gleich. Der Masse- und Energiefluss sind einseitig gerichtet und damit irreversibel. Zur Beschreibung sind hier die Grundlagen der *allgemeinen irreversiblen Thermodynamik linearer[16] Prozesse* heranzuziehen.

Diese Grundlagen werden durch die *Thermodynamik in der Nähe des Gleichgewichts* zusammengefasst.

Ilya Prigogine[17] stellte 1945 das *Theorem der minimalen Entropieproduktion* auf. Es besagt: *Der stationäre Zustand eines Systems zeichnet sich durch die geringste Entropieproduktion aus.* Stationäre Zustände stellen sich bei irreversiblen Prozessen (offenen Systemen) ein [15, 16].

So wie ein abgeschlossenes System allmählich in den thermodynamischen Gleichgewichtszustand übergeht, so entwickelt sich ein offenes irreversibles System in Richtung des Zustandes minimaler Entropieproduktion. Die Zeit spielt in der Gleichgewichts-Thermodynamik keine Rolle. Dagegen sind irreversible Prozesse zeitabhängige dynamische Vorgänge.

Im Zusammenhang mit physikalischen und chemischen Stoffumwandlungen treten zwei Fragen auf:

1. Kann der Vorgang ablaufen?
2. Wenn die erste Frage positiv beantwortet werden kann, stellt sich die zweite, nämlich wie schnell läuft der Vorgang ab?

Die erste Frage wird von der Thermodynamik beantwortet, der Lehre von den Energieumwandlungen, deren Aussage in den vier Hauptsätzen zusammenfasst ist.

---

[15]Adiabenein (gr.) – nicht hindurchgehen. Adiabatisch abgeschlossene Systeme sind undurchlässig für Wärme und Stoffe, aber durchlässig für Arbeit (elektrische Energie, Strahlung), z. B. Akkumulatoren.

[16]Der Begriff *linear* deutet an, dass diese Prozesse mathematisch durch lineare Differenzialgleichungen beschrieben werden können.

[17]Prigogine, Ilya (geb. 1917), Prof. Für Chemie an der Freien Universität Brüssel. 1977 erhielt er den Nobelpreis für die Theorie der dissipativen Strukturen, die im biologischen System eine große Rolle spielen.

Die zweite Frage beantwortet die chemische Kinetik[18] bzw. die molekulare Reaktionsdynamik. Die Reaktionsgeschwindigkeit einer chemischen Stoffumwandlung wurde von August Svante Arrhenius[19] definiert:

$$k(t) = H \cdot e^{-\frac{E}{RT}}$$

k = Reaktionsgeschwindigkeitskonstante; H = Häufigkeitsfaktor; E = Aktivierungsenergie; R = universelle Gaskonstante; T = Temperatur in Kelvin.

Kinetische Energie ist Bewegungsenergie. Sie ist ein Maß für die Geschwindigkeit, mit der sich Atome und Moleküle bewegen. *Im übertragenen Sinne ist die kinetische Energie von Stoffteilchen auch ein Maß für ihre Reaktionsbereitschaft.* Denn je höher die Bewegungsgeschwindigkeit, desto häufiger die Zusammenstöße der Teilchen untereinander und damit auch die Zunahme der Reaktionswahrscheinlichkeit.

Potenzielle[20] *Energie* ist gespeicherte Energie und birgt in sich die Fähigkeit, Arbeit zu verrichten, in dem sie sich in andere Energiearten umwandelt. Speicherformen sind z. B. unterschiedliche Höhenlagen von Massen, Potenzialdifferenzen von elektrischen Ladungen. Weitere Energiespeicher können sein unterschiedliche Packungsdichten von Stoffen, sowie komplexe Molekularstrukturen von mineralischen, technischen oder biologischen Polymeren als Informationsspeicher.

Umwandlung von potenzieller Energie [E. Transition of Potential Energy]

Potenzielle Energie kann in *kinetische Energie* umgewandelt werden bzw. wandelt sich in kinetische Energie durch *Höhenausgleich* von unterschiedlich hoch gelagerten Stoffmassen um, z. B. in Energie der Bewegung, mechanische Arbeit etc. Sie kann auch umgewandelt werden in *elektrische Energie* durch *Ladungsausgleich* von elektrischen Potenzialdifferenzen, z. B. Entladungen.

Potenzielle Energie ist auch gespeicherte *chemische Energie.* Sie kann in kinetische Energie umgewandelt werden durch Freisetzen von Wärmeenergie und Volumenarbeit, indem mittels chemischer Reaktionen ein Ausgleich des chemischen Potenzials eingeleitet wird, z. B. Verbrennungsreaktionen (Oxidation).

Potenzielle Energie manifestiert sich auch in komplexen spezifischen *molekularen Ordnungsstrukturen.* Für biologische Systeme sind sie gleichbedeutend mit *gespeicherten Informationen.* Eine Veränderung bzw. ein Abbau dieser spezifischen Molekularstrukturen löst einen *Informationsfluss* aus, z. B. enzymatische Reaktionen.

---

[18]Kinesis (gr.) – Bewegung.

[19]Arrhenius, August Svante (1859–1927), schwed. Physikochemiker.

[20]Potent (lat.) – mächtig.

In *lebenden Systemen* stellt sich zwischen der potenziellen und kinetischen Energie ein reversibles Gleichgewicht ein [19].[21]

$$E_{pot} \underset{\text{Strukturaufbau}}{\overset{\text{Strukturabbau}}{\rightleftharpoons}} E_{kin}$$

In der Aktivitätsphase ist ein Organismus auf Leistung eingestellt. E_{pot} wandelt sich in E_{kin} um durch den Strukturabbau, z. B. von Biopolymeren. Während der Ruhepause werden die verbrauchten Strukturen wieder durch einen Strukturaufbau ergänzt. Ein Kennzeichen dieses reversiblen Gleichgewichtes zwischen E_{pot} und E_{kin} ist, dass die Hinreaktion, nämlich der Strukturabbau nicht zeitgleich, d. h. parallel mit der Rückreaktion, nämlich dem Strukturaufbau erfolgt. Strukturabbau (Hinreaktion) und Strukturaufbau sind phasenverschoben. Der Phasenrhythmus wird durch die Aktivitäts- und Ruhephasen bestimmt. Außerdem sind die Reaktionswege und damit auch ihre Reaktionsmechanismen der Hin- und Rückreaktion voneinander verschieden (Abb. 8).

Das reversible Gleichgewicht äußert sich in den erreichbaren Zuständen von E_{pot} bzw. E_{kin} und nicht in ihren Reaktionswegen. Dieser alternierende reversible Wechsel zwischen dem potenziellen und kinetischen Gleichgewicht wird auch als *finales Gleichgewicht* bezeichnet.

Die *chemische Energie* kann als Summe der potenziellen und kinetischen Energie aufgefasst werden. Die Anteile dieser beiden Energieformen können in einem geschlossenen chemischen System voneinander extrem verschieden sein. Ihre Summe als chemische Energie ist konstant.

Chemische Energie = potenzielle Energie + kinetische Energie

Liegt ein Stoff als Polymer in einer komplex hochstrukturierten Form vor, dann ist der größte Teil der chemischen Energie als potenzielle Energie, die auch Strukturenergie genannt wird, gespeichert. Die Strukturenergie ist zugleich ein Speicher für Informationen (s. Abb. 3). Eine sogenannte *Informationsenergie* ist beispielsweise in den aktiven Zentren von Enzymen gespeichert. Ein aktives Zentrum ist für das spezifische Substrat Erkennungsmal und Reaktionsort zugleich. Thermodynamisch betrachtet ist ein Enzym eine Substanz mit hoher Freier Enthalpie ($-\Delta G$), d. h. die Affinität für das ihm angepasste Substrat ist besonders hoch. Auf diese Weise sind das aktive Zentrum und das jeweilige Substrat streng selektiv aufeinander angepasst (s. Kap. „Die Biologischen Hauptsätze – ihre Herleitung" und Abb. 4).

Enzyme sind Substanzen mit einer freien Enthalpie, (ΔG), d. h., ihre Affinität ist zu dem angepassten Substrat besonders groß und ermöglicht die Bildung eines Enzym-Substratkomplexes, der dann von sich aus zu dem Endprodukt gezielt weiterregiert (Abb. 10 und 11).

---

[21]Schaltegger, Hermann (1984), Theorie der Lebenserscheinungen, S. 136, S. Hirzel Verlag, Stuttgart.

Enzym + Substrat $\longrightarrow$ Enzym-Substrat-Komplex + $\Delta G \longrightarrow$ Endprodukt + Enzym

Eine chemische Stoffumwandlung äußert sich nicht nur im Aufbau einer Strukturumlagerung, sondern auch im Strukturabbau und in einer Umwandlung der potenziellen Energie in kinetische Energie. Letztere kann weiter umgewandelt werden in Wärmeenergie, ΔQ, und Volumenarbeit, $p \cdot \Delta V$, die in der Summe als Reaktionsenergie $\Delta U = \Delta Q + \Delta W$ bezeichnet wird. Diese Gleichung entspricht dem ersten Hauptsatz der Thermodynamik. Er besagt, dass die Änderung der inneren Energie, ΔU, gleich der Summe der einem chemischen System in Form von Wärme, ΔQ, und/oder Arbeit zu oder abgeführten Energie (Volumenarbeit, elektrische Arbeit u. a.) $\Delta W = p \cdot \Delta V$ ist.

Bei isobaren Prozessen werden die Änderungen der inneren Energie und der Volumenarbeit zu einer neuen Zustandsgröße, ΔH, der Reaktionsenthalpie zusammengefasst, $\Delta H = \Delta U + p \cdot \Delta V$. Sie werden als Zahlenwert bei chemischen Reaktionen in [kJ/mol] ausgewiesen.

Chemische Stoffumwandlungen im biologischen System werden energetisch durch die freie Reaktionsenthalpie, ΔG, beschrieben. Sie ist mit der Reaktionsenthalpie ΔH über folgende Gleichung verknüpft.

$$\Delta G = \Delta H - T \cdot \Delta S$$

$$\Delta G = \Delta H - \Delta Q$$

Die freie Reaktionsenthalpie ist der Energiebetrag eines chemischen Systems, der sich in jede andere Energieform umwandeln lässt. Für biologische Systeme ist das von großer Bedeutung. Während $\Delta Q = T \cdot \Delta S$ derjenige Energieanteil als Wärmeenergie ist, der sich nicht mehr in andere Energieformen zurückverwandeln lässt. Man spricht in diesem Falle von dem gebundenen Energieteil eines chemischen Reaktionssystems. Die Reaktionsenthalpie, ΔH, eines Systems setzt sich also aus einem freien Anteil ΔG und einem gebundenen $\Delta Q = T \cdot \Delta S$ zusammen.

$$\Delta H = \Delta G + T \cdot \Delta S$$

Finales[22] *Gleichgewicht* [E. Final Equilibrium]

Das finale Gleichgewicht ist ein periodischer Wechsel zwischen dem potenziellen und kinetischen Gleichgewicht. Es äußert sich in einem alternierenden Wechsel zwischen den extrem möglichen potenziellen und kinetischen Zuständen. Für lebende Systeme ist das finale Gleichgewicht ein charakteristischer Zustand und als solches nur in lebenden Organismen realisiert (Lit. H. Schaltegger, S. 253) [19].

---

[22]Finis (lat.) – abschließend, beendend, Finale – Schlussteil.

Chemisches Gleichgewicht [E. **Chemical Equilibrium**]

Chemische Reaktionen verlaufen in homogener Phase nie vollständig ab, sondern nur bis zu einem Gleichgewichtszustand.

Das chemische Gleichgewicht ist dadurch charakterisiert, dass bei einer gegebenen Temperatur die Konzentrationen oder Drucke der Ausgangsstoffe und Endprodukte in einem bestimmten Verhältnis zueinander stehen. Dieses Verhältnis wird durch die Gleichgewichtskonstante des Massenwirkungsgesetzes, MWG, nach Guldberg und Waage[23] ausgedrückt.

$$\underbrace{A + B}_{\text{Ausgangsstoffe}} \quad \underset{\text{Rückreaktion}}{\overset{\text{Hinreaktion}}{\rightleftharpoons}} \quad \underbrace{C + D}_{\text{Endprodukte}}$$

$$K = \frac{k_H}{k_R} = \frac{[C] \cdot [D]}{[A] \cdot [B]}$$

K = Gleichgewichtskonstante, k_H = Reaktionsgeschwindigkeitskonstante der Hinreaktion, k_R die der Rückreaktion.

Das Massenwirkungsgesetz ist die mathematische Verknüpfung zwischen der chemischen Reaktionskinetik und Thermodynamik. Sie erfolgt über den Quotienten der Reaktionsgeschwindigkeitskonstanten $K = k_H/k_R$.

Die Temperaturabhängigkeit des chemischen Gleichgewichts wird durch die Arrhenius-Gleichung ausgedrückt (s. Abschn. 4, Abs. Stationärer Zustand).

In einem abgeschlossenen System kann das chemische Gleichgewicht nach der einen oder der entgegengesetzten Richtung verschoben werden. Das gelingt durch eine Veränderung der Konzentrationen der Reaktionspartner, des Reaktionsdruckes, des Lösemittels (d. h. Reaktionsmediums). Katalysatoren und Enzyme beeinflussen die Lage des chemischen Gleichgewichtes nicht, sie beschleunigen nur dessen Einstellung. Nach welcher Seite eine Verschiebung des chemischen Gleichgewichtes erfolgt, wird durch das Prinzip des kleinsten Zwanges nach Le Chatelier[24] vorgegeben.

Chemische Gleichgewichte spielen sowohl in der Technik als auch in biologischen Systemen eine große Rolle.

Beispiele aus der Technik sind das Boudouard[25]-Gleichgewicht

---

[23]Guldberg, Carl Maximilian (1836–1902), norweg. Chemiker und Mathematiker; Waage, Peter (1833–1900), norweg. Naturforscher.

[24]Le Chatelier, Henri Louis (1850–1936), frz. Chemiker. Ein chemisches Gleichgewicht verschiebt sich unter äußeren Einflüssen stets in Richtung des kleinsten Zwanges. Es versucht immer dem Zwang auszuweichen. Damit hat Le Chatelier ein allgemeingültiges Naturgesetz ausgesprochen.

[25]Boudouard, Octave (1872–1923), frz. Chemiker.

$$CO_2 + C \rightleftharpoons 2CO; \quad \Delta H = +172 KJ/mol$$

das Ammoniak-Gleichgewicht nach Haber-Bosch[26], d. h. die Luftstickstofffixierung mittels Hydrierung als Basis für die Stickstoffdüngemittelversorgung in der Landwirtschaft.

$$N_2 + 3H_2 \rightleftharpoons 2NH_3; \quad \Delta H = -92 \ KJ/mol$$

In lebenden Systemen sind die chemischen Säure-Basen-Gleichgewichte von großer Bedeutung, ebenso die Atmung und der Sauerstofftransport im Blut oder der Citronensäurecyclus nach Krebs[27] u. v. a. (Abb. 6 und 7).

4.2   Die Fotosynthese als Ursynthese für das Leben
[E. Photosynthesis as Primeval Synthesis for Life]

Wasser und Kohlenstoffdioxid sind die stofflichen Voraussetzungen für das Leben schlechthin, sie werden mithilfe von Sonnenenergie enzymatisch zu Kohlenhydraten aufgebaut.

Sonnen-energie	Kohlenstoff-dioxid	Wasser	Enzyme →	Glucose	Wasser	Sauerstoff
2879,95 kJ +	6 CO_2 +	12 H–OH	⟶	$C_6H_6(OH)_6$ +	6 H_2O +	6 O_2
	6 x 44 g	12 x 18 g		180 g	6 x 18 g	6 x 32 g

Die Synthese findet in den Zellorganellen der fotosynthetisierenden grünen Pflanzen, den Chloroplasten[28] statt (Abb. 4). Sie enthalten das Chlorophyll[29] als Blattpigment, welches die Lichtstrahlen absorbiert. Zur Fotosynthese sind nicht nur Pflanzen, sondern auch Algen, Flechten, Plankton[30] und zahlreiche Bakterien befähigt.

Die Stoffbilanz zeigt, dass 264 g Kohlenstoffdioxid und 216 g Wasser zu 180 g Glucose, wieder zu 108 g Wasser und 192 g Sauerstoff unter dem Aufwand von 2880 kJ umgesetzt werden. Die durch die Fotosynthese auf der Erde jährlich gespeicherte Energiemenge wird auf 10^{12} kJ geschätzt. Das entspricht dem Einbau von mehr als 10^{10} (10 Mrd.) t Kohlenstoff in Kohlenhydraten und anderen daraus abgeleiteten organischen Substanzen. Im Prinzip ist das diejenige Energiemenge,

---

[26]Haber, Fritz (1868–1934), dt. Chemie-Technologe, Bosch, Carl (1874–1940), dt. Chemiker bei BASF.

[27]Krebs, Hans Adolf (1900–1981), dt. Biochemiker.

[28]Chloros (gr.) – gelbgrün; plassein (gr.) – formen, bilden.

[29]Phyllon (gr.) – Blatt.

[30]Planktos (gr.) – umhergetrieben.

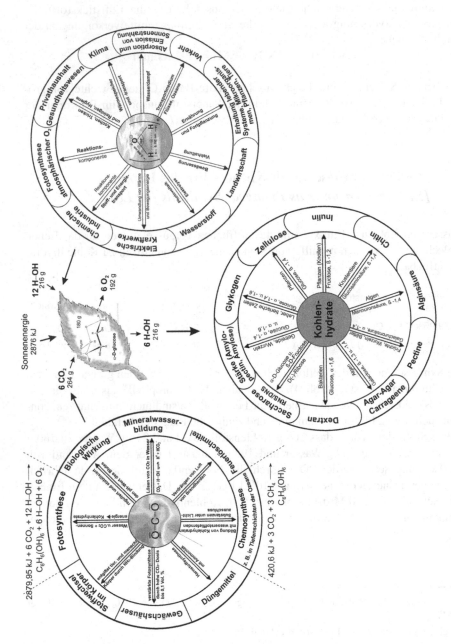

Abb. 4 Fotosynthetisierendes Blatt [E. photosynthesizing leaf]

die jährlich an technischer und physiologischer Energie in Form von Kohle, Erdöl, Erdgas und Getreide von den Menschen zum Leben benötigt werden.

Es müssen 12 Mole Wasser für die Hydrierung eingesetzt werden, nämlich 12 Wasserstoffatome für die Hydrierung des CO und die übrigen 12 für den aus dem CO_2 abgespaltenen Sauerstoff, der wieder zu Wasser hydriert wird (s. Gl. (1) bis Gl. (5); Abb. 4).

Sonnenenergie	Wasser		elementarer Wasserstoff	Sauerstoff	
2844 kJ	+ 12 H—OH	$\xrightarrow{\text{Enzym}}$	12 H$_2$	+ 6 O$_2$	(1)

	Kohlenstoffdioxid		Kohlenstoffmonoxid		
1543,14 kJ	+ 6 $\overline{\underline{O}}$=$\overline{\underline{C}}$=$\overline{\underline{O}}$	$\xrightarrow{\text{Enzym}}$	6 $\overset{\bullet}{\underset{\bullet}{C}}$=$\overline{\underline{O}}$	+ 3 O$_2$	(2)

atomarer Wasserstoff	Sauerstoff		Wasser	chemische Energie	
6 H$_2$	+ 3 O$_2$	$\xrightarrow{\text{Enzym}}$	6 H—OH	+ 1422 kJ	(3)

	Kohlenstoffmonoxid		Glucose		
6 H$_2$	+ 6 $\overset{\bullet}{\underset{\bullet}{C}}$=$\overline{\underline{O}}$	$\xrightarrow{\text{Enzym}}$	$C_6H_6(OH)_6$	+ 85,19 kJ	(4)

2879,95 kJ + 12 H—OH + 6 CO$_2$		$\xrightarrow{\text{Enzym}}$	$C_6H_6(OH)_6$ + 6 H—OH + 6 O$_2$		(5)

4.3 Vom Prinzip des ständig gestörten Gleichgewichts
[E. From the Principle of the Continued Disordered Euilibrium]

Ein vollkommen eingestelltes chemisches Gleichgewicht lässt sich nur in abgeschlossenen Systemen realisieren. Komplizierter werden die Verhältnisse in offenen Systemen, die in ständigem Energie- und Stoffaustausch mit der Umgebung stehen. Um zu wirtschaftlich vertretbaren Stoffausbeuten zu gelangen, werden die End-Reaktionsprodukte ständig aus dem Reaktionsraum abgeführt. Entsprechende Maßnahmen werden für den Energietausch getroffen. Das chemische Gleichgewicht wird also durch Energie- und Stoffentzug ständig gestört. Durch das Bestreben, dieses Gleichgewicht immer wieder herzustellen, wird das Gleichgewicht in eine Richtung gezwungen, die das gewünschte Endprodukt begünstigt. *Nach dem Prinzip von ständig gestörten Gleichgewicht arbeitet auch die Natur.*

Biologische und ökologische Systeme sind offene Systeme. Zwar sind Begriffe wie *biologisches* und *ökologisches Gleichgewicht* in unsere Gesellschaft eingegangen, doch im strengen Sinne handelt es sich nicht um chemische bzw.

thermodynamische Gleichgewichte, die die Reversibilität, d. h. die Umkehrbarkeit mit einschließen. In der Natur handelt es sich prinzipiell um Fließgleichgewichte.

Fließgleichgewicht herrscht, wenn die Eingangsgeschwindigkeit strömender Medien gleich der Austrittsgeschwindigkeit in einem offenen System ist (Abb. 5).

Ist die Eintrittsgeschwindigkeit $\frac{dm_E}{dt}$ größer als die Austrittsgeschwindigkeit $\frac{dm_A}{dt}$, dann tritt z. B. beim Bach das Wasser über die Ufer. Ist die Austrittsgeschwindigkeit größer als die Eintrittsgeschwindigkeit, dann leert sich der Bach.

Fließgleichgewicht, steady state, herrscht, wenn $\frac{dm_E}{dt} = \frac{dm_A}{dt}$ ist, unter der Bedingung der Irreversibilität (Unumkehrbarkeit).

Der gemeinsame Parameter dieser Ausgleichsgesetze ist die Zeit t.

Entscheidend ist die Tatsache, dass alle Ströme, wie fließende Stoff-, Energie-, Kapital- und Informationsmengen zum Erliegen kommen, wenn die treibenden Gradienten, die Potenzialdifferenzen immer kleiner werden (d. h. gegen null gehen). Das gilt für technische Systeme, Wirtschaftsprozesse, Sozialsysteme, biologische Systeme und für alle Vorgänge in der Natur schlechthin und insbesondere für die Ausbreitung des Wassers [28, 29].

Der endgültige Ausgleich von Potenzialen würde das Ende jeglichen Lebens bedeuten. Werden die Spannungsunterschiede zu groß, dann kommt es zu plötzlichen (spontanen) Entladungen bzw. Eruptionen, soziologisch zu Revolutionen. Sie sind systemzerstörend.

Das Gesetz für allgemeine Ausgleichsvorgänge lautet:

$$\frac{\text{fließende Menge}}{\text{Zeiteinheit}} \sim \frac{\text{treibender Gradient (Potentialdifferenz)}}{\text{Widerstand}}$$

Die Erfahrung lehrt, dass alle Ströme durch Potenzialunterschiede, d. h. zwischen den Unterschieden der potenziellen Energien, zustande kommen.

Im weiteren Sinne sind es Unterschiede zwischen den stofflichen, energetischen und informatischen Zuständen. In der Wirtschaft sind es die finanziellen Potenziale.

Jedem System ist das Bestreben eigen, diese Unterschiede auszugleichen, z. B.

1. einen Temperaturausgleich herbeizuführen, indem Wärme von einem höheren Temperaturniveau zu einem niederen Niveau übergeht, z. B. Wärmetransport bei Wärmetauschern.

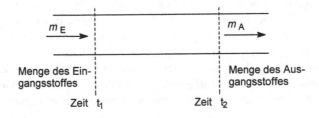

Abb. 5 Irreversible (nicht umkehrbare) Strömung [E. irreversible flow]

2. die Spannung zwischen zwei elektrischen Polen auszugleichen, indem elektrischer Strom fließt, z. B. elektrische Kraftwerke.
3. Konzentrationsunterschiede an Grenzflächen zu beseitigen, indem Stoffteilchen fließen, z. B. Stoffaustausch zwischen und innerhalb von Zellen.
4. Druckausgleich herbeizuführen, indem Stoffe wie Gase oder Flüssigkeiten von einem System mit höherem Druck in ein System mit einem niederen Druck überführt werden, z. B. artesische Brunnen, Förderung von Wasser aus fossilen Untergrundquellen, Filtration.
5. Wasser kann nur aufgrund von Höhenunterschieden fließen. Werden die Höhenunterschiede eingeebnet, wird aus einem fließenden Bach ein stehendes Gewässer mit allen Nachteilen des anaeroben Stoffabbaus durch Mikroorganismen (das Wasser beginnt zu faulen).
6. Wasserströme und Wasserbewegungen in der Natur werden hervorgerufen und beeinflusst durch die Gravitation zwischen Erde und Mond, sichtbar sind die Gezeiten der Meere. Auch die in sich bewegende elastische Erdoberfläche führt immer wieder zu Niveauverschiebungen, deren Folge ein Wasserfließen ist.

Strömende Medien sind einseitig ausgerichtet, wenn sie freiwillig verlaufen. Sie sind irreversibel, d. h. nicht umkehrbar.

Ein Vergleich der Daten für die freien Reaktionsenthalpien zeigt, dass bei aeroben, d. h. Oxidationsprozessen mehr Energie für die Stoffwechselvorgänge zur Verfügung stehen als bei anaeroben (Abb. 6, 7, 8 und 9).

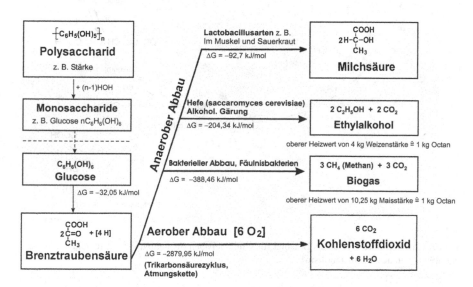

Abb. 6 Der aerobe und anaerobe Abbau von Polysacchariden [E. the aerobic and anaerobic metabolism of polysaccharides]

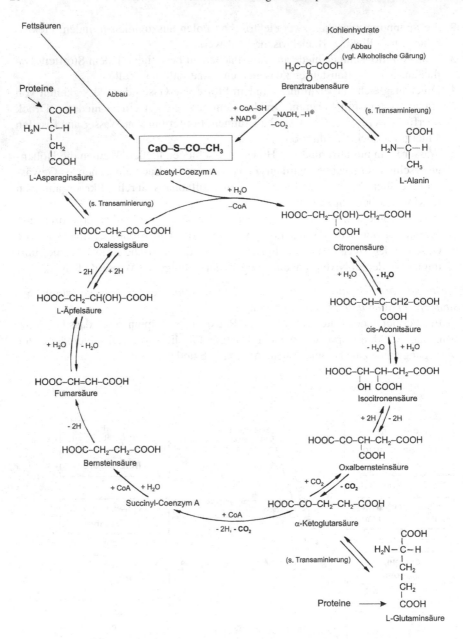

Abb. 7 Citronensäure-Cyclus als Beispiel für einen aeroben Stoffabbau [E. citric acid cycle – an example for an aerobic metabolism]

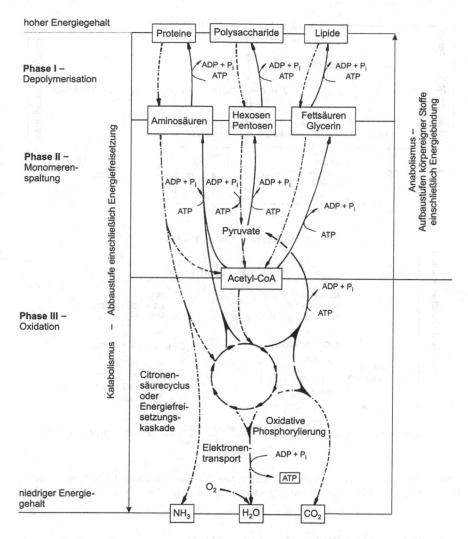

Abb. 8 Der Metabolismus als zusammengefasster schematischer Ablauf [E. the metabolism as summarized schematic process]

Anoxische Verfahren beruhen auf der Fähigkeit von Bakterien, wie z. B. Aerobacter, *Escherichia coli* u. a. bei Sauerstoffmangel den chemisch gebundenen Sauerstoff für ihren Stoffwechsel zu nutzen. Diese reduzierende Eigenschaft wird in der biologischen Abwassertechnik für eine *Denitrifikation,* d. h. der Beseitigung von Nitrit- und Nitratsalzen angewendet, z. B. *Pseudomonas denitrificans.*

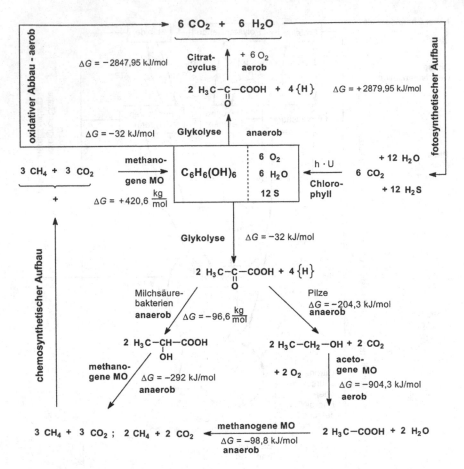

Abb. 9 Zusammenwirken von aeroben und aneroben Prozessen innerhalb des Kohlenstoffcyclus [E. collaborative effect of aerobic and anaerobic processes within the carbon cycle]

4.4   Enzyme[31] – Biokatalysatoren *[E. Enzymes—Biocatalysts] [26; Kap. 8; 27]*

Definition

Enzyme sind Stoffe, die bei Anwesenheit in geringsten Konzentrationen die Aktivierungsenergie eines biochemischen Reaktionssystems herabsetzen und damit den Reaktionsablauf beschleunigen. Anstelle des Begriffs Enzym wird auch der des Fermentes[32] benutzt.

---

[31]Zyme (gr.) – Sauerteig.

[32]Fermentum (lat.) – Sauerteig.

Da die Enzyme heute auch biotechnisch gewonnen werden, um sie industriell in der Pharmazie, Lebensmitteltechnik, der Futtermittelaufbereitung und Umwelttechnik zu nutzen, fasst man sie auch unter der Bezeichnung Biokatalysatoren zusammen.

Gegenüber den technischen Katalysatoren zeichnen sich die Enzyme durch drei Besonderheiten aus:

- Sie setzen die Aktivierungsenergie nur in kleinen Stufen herab. Um hohe Aktivierungsenergiepotenziale zu überwinden, wirken ganze Enzymsysteme als Kaskade zusammen, d. h., nach jeder Stufe übernimmt ein anderes Enzym die weitere Aktivierungserniedrigung (s. Abb. 10).
- Enzyme sind hochspezifisch und selektiv. Weil sie die Aktivierungsenergie nur in kleinen Schritten erniedrigen, wird nur ein spezieller biochemischer Reaktionstyp aktiviert. Unerwünschte Parallelreaktionen und Nebenprodukte sind nahezu ausgeschlossen.
- Während technische Katalysatoren nicht unmittelbar in die Reaktion eingreifen und am Ende eines Reaktionsablaufs unverändert vorliegen, verhalten sich die Enzyme anders. Die Enzyme können während des Reaktionsverlaufs mit den Reaktionskomponenten vorübergehend Zwischenprodukte bilden, die dann zum gewünschten Endprodukt weiterreagieren. Dabei kann das Enzym (Biokatalysator) selbst auch verändert werden.

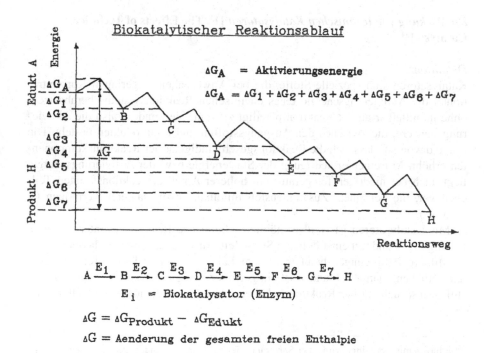

Abb. 10 Herabsetzung der Aktivierungsenergie durch ein Enzymsystem (Biokatalysator) [E. reduction of the activation energy by a system of enzymes]

z. B.

$$S \quad + \quad E \xrightleftharpoons[\text{Gleichgewicht}]{\text{vorgelagertes}} (ES) \longrightarrow P \quad + \quad E$$

substrat[33]   Enzym   Enzym-   Produkt   Enzym
                               Substrat-
                               Komplex

Die Reaktionsgleichung bringt außerdem zum Ausdruck, dass eine enzymatische Reaktion in der Regel irreversibel verläuft. Sie ist nicht umkehrbar. Soll die Reaktion in umgekehrter Richtung verlaufen, dann muss ein anderes Enzymsystem wirksam werden. Auch hier wird die hohe Spezifität der Enzyme deutlich, es entstehen keine oder nur geringe Begleitstoffe.

Dagegen können technische Katalysatoren das thermodynamische Gleichgewicht einer chemischen Reaktion nicht beeinflussen. Bei enzymatischen Reaktionen besteht nur ein Gleichgewicht zwischen Enzym-Substrat-Komplex und dem Substrat und Enzym. Dieses Gleichgewicht nennt man vorgelagertes Gleichgewicht.

Die Wirkung von technischen Katalysatoren [E. The Effects of Technical Catalysts][34]

Definition
Katalysatoren sind spezielle Stoffe, die bei Anwesenheit in geringen Konzentrationen die Aktivierungsenergie eines chemischen Reaktionssystems herabsetzen, ohne unmittelbar an der Reaktion beteiligt zu sein. Sie mindern also die Aktivierungsbarriere, die zwischen den Ausgangsstoffen und Endprodukten besteht. Die Folge davon ist, dass sich die Reaktionsgeschwindigkeit der Reaktionskomponenten erhöht. Mit einer Erniedrigung der Startenergie bzw. der Aktivierungsenergie liegt auch bei niedriger Temperatur ein höherer Anteil an reaktionsfähigen Teilchen vor, die bei einem Zusammenstoß miteinander zu reagieren vermögen (s. Abb. 11).

Mit Katalysatoren ist es also möglich, chemische Reaktionen unter milderen Bedingungen und mit einer höheren Stoff-Zeit-Ausbeute ablaufen zu lassen.

Mildere Bedingungen heißt in diesem Fall bei weniger hohen Temperaturen und Drücken. Damit verbunden ist ein geringer Energieaufwand, geringere Werkstoffbeanspruchung der Reaktionsbehälter und eine schonendere Behandlung der

---

[33]Im biochemischen Sinne wird unter Substrat derjenige Stoff verstanden, der unter dem Einfluss eines Enzyms biochemisch umgesetzt werden soll, z. B. Stärke, Fette, Eiweiße u. a.

[34]Katalysis (gr.) – Auflösung bzw. katalyein (gr.) – losbinden, aufheben.

Technisch-katalytischer Reaktionsablauf

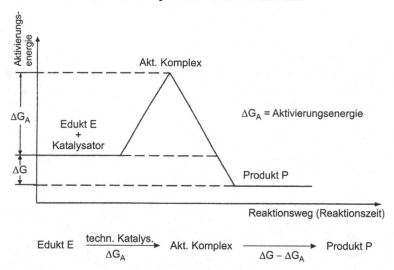

Abb. 11 Herabsetzung der Aktivierungsenergie durch technische Katalysatoren [E. reduction of the activation energy by technical catalysts]

Reaktionsprodukte und damit eine bessere Wirtschaftlichkeit des jeweiligen Produktionsprozesses. Gegenüber den Enzymen entstehen bei katalytisch-technischen Prozessen oft unerwünschte Begleitprodukte, die mit technischem Aufwand von den gewünschten Endprodukten abgetrennt werden müssen.

Die Biologischen Hauptsätze – ihre Herleitung [E. The Biological Principles—A Derivation]

1 Einführung – über das Leben [E. Introduction— Beyond Life] [18]

Ein biologisches System zeichnet sich durch umfassendere Eigenschaften aus, als sie durch Gesetze der Energie- und Stoffzustände bzw. deren Umwandlungen erfasst werden können [2, 14].

Aufgrund der fundamentalen biologischen Erscheinungen müssen wir annehmen, dass die Natur aus sich heraus stabil ist. Sie ist sehr empfindlich gegenüber abrupten und verwüstenden Auswirkungen der Technik und der Ausbeutung von Landflächen, die betrieben wird, um den zunehmenden Bedarf an Naturstoffen und Bodenschätzen zu decken. Lange Perioden der Regenerierung sind erforderlich.

Es ist nicht möglich, „*Leben*" zu definieren. Man kann seine Erscheinungen und Eigenschaften nur beschreiben [20], z. B. durch:

17. IUPAC Conference on Chemical Thermodynamics – Rostock, 28. Juli–2. August 2002
4th International Conference on Quality, Reliability and Maintenance, QRM 2002, University of Oxford, UK, 21th–22th March 2002
21st European Symposium on Applied Thermodynamics, ESAT 2005, June 1–5, 2005, Jurata, Poland
Vortrag Hochschule Sachsen-Anhalt, Köthen, 5. Juli 2005
2nd Asee International Colloquium on Engineering Education, June 20–23, 2003, Nasville, Tennessee, USA

© Springer-Verlag GmbH Deutschland 2017
V. Hopp, *Die Herleitung biologischer Hauptsätze*,
DOI 10.1007/978-3-662-54463-1_2

27

- den *Stoffwechsel* (Metabolismus)[1], bei dem zwischen den Abbauprozessen (Katabolismus)[2] und Aufbauprozessen (Anabolismus)[3] zu körpereigenen Stoffen zu unterscheiden ist. Der Metabolismus umfasst sowohl die Energie-, Stoff- als auch Informationsumwandlungen. Sie sind miteinander gekoppelt.
- die *Reizung,* sie schließt die Bewegung und Information mit ein. Leben zeichnet sich durch Mechanismen aus, die Informationen sammeln, speichern und weiterleiten.
- den *Fortpflanzungstrieb* (Reproduktion)[4].
- die *Adaptation*[5], sie ist die Anpassung an die wechselnden Lebensbedingungen der Umwelt.
- die *Mutation*[6] und *Selektion*[7], die Mutation ist eine sprunghafte Änderung von typischen Verhaltensmustern und Organen aufgrund von genetischen Abwandlungen.
- Die Selektion ist eine überlebenserhaltende Auswahl von Eigenschaftsänderungen aus dem zufallsbestimmten Angebot der Mutation.
- Die Selbstähnlichkeit als typisches Charakteristikum einer Spezies. Die Selbstähnlichkeit ist das immer wiederkehrende typische Erscheinungsbild der Individuen bzw. der gesamten Spezies in den Generationsfolgen. Eine Veränderung dieses typischen Erscheinungsbildes kann zwar im Laufe von vielen Generationsfolgen auftreten, innerhalb einer Spezies bleibt es in seiner Grundstruktur immer zu erkennen. Die *Spezies* ist eine Gruppe von sich untereinander fortpflanzenden Populationen, d. h. eine Fortpflanzungsgemeinschaft.

Aristoteles (384–322 v. Chr.) sagte: Leben ist die Fähigkeit eines Systems, sich aus sich selbst heraus zu bewegen. Pflanzen bewegen sich in die Höhe, d. h. vertikal [1b].

Nach *Aristoteles* ist unter Bewegung nicht nur eine Ortsveränderung zu verstehen, sondern auch eine Qualitätsveränderung (Umwandlung). In diesem Sinne ist *Leben* als eine Qualitätsveränderung von Stoffen (Materie) aufzufassen.

Außerdem kann man sagen:

- Leben ist auch eine Form der Energieumwandlung in gerichtete Bewegung. Das bedeutet eine stetige kontrollierte Freisetzung von kleinen Energieportionen. Eine zentrale Rolle spielt hier das ATP, Adenosintriphosphat, als Energieüberträger.
- Leben ist ein spezieller Zustand von Energien, Stoffen und vom Informationsfluss. Die Ursachen und Gründe dafür können nicht ausgemacht werden (Kap. „Anhang – Erläuterungen Definitionen" Abb. 1 und 2).

---

[1]Metabole (gr.) – Umwandlung, Veränderung.

[2]Katabole (gr.) – Abbau, Niederschlag.

[3]Anabole (gr.) – Aufbau, Aufwertung.

[4]Reproducere (lat.) – nachbilden.

[5]Adaptare (lat.) – anpassen an.

[6]Mutare (lat.) – verändern, wechseln.

[7]Seligere (lat.) – auswählen.

- Leben beruht auf dem Prinzip der sich ergänzenden Polaritäten, zum Beispiel:

  – *Temperaturunterschiede* (d. h. der Gegensatz von heiß und kalt) sind notwendig, damit Wärmeenergie zu fließen vermag.
  – *Höhenunterschiede* (d. h. der Gegensatz von hoch und tief) sind notwendig, damit Flüssigkeiten fließen können und als Transportmittel für Nährstoffe und Mineralien dienen können sowie potenzielle in kinetische Energie umzuwandeln vermögen.
  – Für *Druckunterschiede* gilt Entsprechendes.
  – *Ladungsunterschiede* als positiv und negativ geladene Teilchen sind notwendig, damit elektrische Energien sich zu bilden vermögen.
  – *Zustandsunterschiede der Materie* (gasförmig ↔ flüssig ↔ fest) sind notwendig, um Energien zu speichern und umzuwandeln. Außerdem sorgen sie für die energetischen und stofflichen Kreisläufe in der Natur.
  – Aktive und passive Lebensphasen (d. h. der Unterschied zwischen Bewegung und Arbeit einerseits und Ruhe bzw. Erholung andererseits) sind notwendig, damit das biologische Leistungsvermögen und die biologische Regeneration immer in einer lebenserhaltenden Wechselbeziehung stehen (s. Kap. „Anhang – Erläuterungen Definitionen" Abb. 7).
  – *Geschlechtsunterschiede* innerhalb vieler biologischer Spezies sind notwendig (weiblich ↔ männlich), um die sich ergänzenden Erbanlagen (Gene) zusammenzubringen, damit die Fortpflanzung der Spezies gesichert ist. Hieraus folgt die ergänzende Polarität zwischen Eltern und Kindern. Die Kinder benötigen die Eltern, um heranzuwachsen und selbstständig zu werden. Ab einem bestimmten Alter benötigen die Eltern die Kinder, um in der Absterbephase betreut zu werden (s. Kap. „Anhang – Erläuterungen Definitionen" Abb. 2).
  – Die ergänzende Polarität zwischen Gruppe (Kollektiv) und Einzelwesen (Individuum) ist notwendig, damit gesellschaftliche Strukturen nicht in Kollektiv- oder Individualdiktaturen ausarten, sondern sich in einem gegenseitigen Unterstützen ausbalancieren.

- Leben zeichnet sich durch Variabilität der Population und ihrer Individuen aus, nicht durch Uniformität.

Keine dieser Aussagen erfasst die Gesamterscheinung *Leben* und seine wesentliche Eigenart vollständig.

Chemie ist die Wissenschaft vom Energie- und Stoffumsatz und der Beschreibung der Stoffeigenschaften.

Physik[8] ist die Wissenschaft vom Zustand und der Bewegung der Materie in der Natur innerhalb des Astro- und des Nanobereiches. Außerdem ist sie die Wissenschaft von der quantitativen Beschreibung des Verhaltens der Materie durch mathematisch formulierte Gesetze.

---

[8]Physik (physis (gr.) – Natur) ist die Lehre von den Naturvorgängen, die sich experimentell erforschen, messen und mathematisch darstellen lassen.

Biologie ist die Wissenschaft von lebenden Organismen, d. h. von ihren sich selbsterhaltenden Fähigkeiten wie Stoffwechsel, Fortpflanzung, Erholung, Selbstorganisation und
Selbststeuerung.

Obwohl alle Lebensvorgänge in chemischen Kategorien beschrieben werden können,
ist Leben mehr als das Zusammenspiel von physikalischen und chemischen Prozessen.
Der treibende Faktor für die sich selbsterhaltenden Fähigkeiten ist nicht bekannt (Ernst
Mayr, 1904–2005) [14].

In der zweiten Hälfte des 20. Jahrhunderts entwickelte sich die Molekularbiologie sehr
erfolgreich und weitete sich zu einer interdisziplinären Grundlagenwissenschaft aus, die
neben der Molekularbiologie Teile der Biochemie, Teile der Pharmazie und Medizin ein-
schließt.

Die Einführung des Parameters Zeit war ein entscheidender Schritt zum Beschreiben zeitabhängiger Vorgänge [4], wie z. B. die Wechselbeziehungen zwischen
kommunikativen[9] Eigenschaften von physikalischen, chemischen und biologischen Systemen. Die Begriffe Reversibilität, thermodynamisches Gleichgewicht,
Irreversibilität wurden definiert. Reversible Prozesse kennen keinen Unterschied
zwischen Vergangenheit und Zukunft. Irreversible Abläufe sind zeitlich einseitig
in die Zukunft gerichtet und haben sich aus der Vergangenheit heraus entwickelt
[8, 10]. Leonor Michaelis (1875–1949) und Maud Menten (1879–1960) formulierten 1913 erstmalig die Gleichung vom Fließgleichgewicht. Fließgleichgewichte
sind einseitig ausgerichtete irreversible Vorgänge.

- *Biologische Systeme sind offene Systeme.* Deshalb vermögen sie, Stoffe und
  Energie mit ihrer Umgebung auszutauschen. Ihre innere Struktur ist flexibel
  und verfügt über Freiheitsgrade, um Abwandlungen gerecht zu werden. Biologische Prozesse sind irreversibel, die mit steten Veränderungen des lebenden
  Individuums einhergehen können. Typisch für den Lebensablauf eines Individuums sind die unumkehrbaren Phasenumwandlungen[10] (Kap. „Anhang –
  Erläuterungen Definitionen" Abb. 2).
  Innerhalb eines irreversiblen biologischen Ablaufs gibt es allerdings Teilpro-
  zesse, die sich als Kreisläufe wiederholen, aber in ihrer Gesamtheit der Irreversibilität untergeordnet sind.

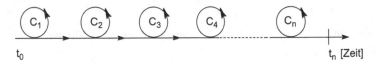

t_0 t_n [Zeit]

Fließgleichgewicht: einseitig gerichteter biologischer Ablauf mit untergeordne-
ten Kreisläufen (E. flow equilibrium [steady rate] unilatterally oriented biological proceedings with subordinated cycles)
C_x = untergeordnete Kreisläufe
t = Zeit

---

[9]Communis (lat.) – gemeinsam.

[10]S. Fußnote 46.

• *Isolierte Systeme* dagegen sind statisch und stehen nicht im Energie-, Stoff- und Informationsaustausch mit ihrer Umgebung. Sie verfügen über keine Freiheitsgrade der Selbstregulierung und Anpassung an veränderte Situationen.

Dynamische Prozesse von biologischen Systemen, einschließlich der des Menschen, müssen durch Generationsfolgen dargestellt werden, d. h., der Parameter *Zeit* ist eine Generationsphase. Nur diese Zeiteinheit erlaubt es, verschiedene Lebensformen und Verhalten der unterschiedlichen biologischen Spezies miteinander zu vergleichen [10].

2   Evolution [E. Evolution][11] [2, 5, 7, 23]

Charles Robert Darwin (1809–1882) zeigte mit seiner Evolutionstheorie, dass der Mensch nicht der Mittelpunkt des biologischen Systems ist, sondern nur ein Glied in der langen Evolutionskette, obwohl er gegenwärtig die Spezies mit einer hoch entwickelten Komplexität ist (Kap. „Anhang – Erläuterungen Definitionen" Abb. 3, 4 und 6) [12, 23].

Innerhalb der Evolution geht es um die Veränderung der weniger Angepassten und die Optimierung ihrer Fähigkeiten zum Überleben. Sie ist ein Vorgang der Selbstbehauptung. Damit ist nicht immer gleichzeitig eine höhere Entwicklung der Komplexität und differenziertere Organisationsform einer Spezies verbunden.

Vereinfacht formuliert ist Evolution ein biologisches Training für eine schwächere Spezies, um deren Überlebenschancen bzw. -kraft gegenüber stärkeren Umwelteinflüssen zu stabilisieren.

Das Überleben der Menschen hängt von den Wechselbeziehungen unter ihnen selbst und mit den übrigen biologischen Spezies ab.

Die dargestellte Evolutionskurve ist eine einseitige Umhüllungskurve (Kap. „Anhang – Erläuterungen Definitionen" Abb. 3). Sie verbindet die Amplitudenmaxima einer fortschreitenden angeregten Schwingung. Auf die Entwicklung des biologischen Systems bezogen, deuten die Amplitudenmaxima die jeweils erreichte Strukturkomplexität der am höchsten entwickelten Spezies in der jeweiligen Evolutionsphase „t" an.

Die Amplitudenminima sind durch eine Nulllinie verbunden. Das bedeutet, dass jedes Individuum und auch jede Spezies durch das Absterben bzw. den Tod immer wieder in die einfachsten Strukturen der Urbausteine zurückfällt und durch Fortpflanzung mithilfe von Zufuhr freier Energie sich zur jeweils erreichten Komplexität von Neuem entwickelt. Eine Ausnahme bilden die Bakterien. Sie erneuern sich durch fortlaufende Zellteilung.

Wie eine biologische Spezies sich entwickeln wird, ist schwer vorauszusagen. Man kann es nur vermuten. Entsprechend der Kenntnisse über den Verlauf von Wachstums-, Abkling- und Überlagerungsvorgängen (s. Kap. „Anhang – Erläuterungen Definitionen" Abb. 2) könnten Evolutionsprozesse zum Faststillstand kommen, d. h. in einer Stagnationsphase verweilen. Dieses ist allerdings kaum

---

[11]Evolutio (lat.) – allmähliche Entwicklung, abgeleitet von evolvere (lat.) – abwickeln.

anzunehmen, da es dem biologischen Überlebensprinzip und damit dem 1. und 2. biologischen Hauptsatz widersprechen würde. Ein Übergang in eine Abklingphase würde nur eintreten, wenn sich die Lebensbedingungen in der Biosphäre in einer erdgeschichtlich relativ kurzen Zeit verschlechtern würden und eine Chance zur Anpassung nicht gegeben wäre.

Der Fall einer Untergangskatastrophe für das gesamte biologische System der Welt ist aus der Erfahrung des bisherigen Verlaufs über die Entwicklung des biologischen Systems auszuschließen. Einzelne Arten können das Opfer einer solchen sich anbahnenden Katastrophe werden.

Die biologische Evolution ist ein offenes Konzept der Selbststeuerung mithilfe von chemischen Mechanismen und Vitalisatoren[12] [13, 24]. Über die auslösenden Faktoren und treibenden Kräfte einer Evolution kann nichts Endgültiges ausgesagt werden. Sie sind vielfältig [14, 24].

Lebende Systeme bedürfen eines hohen Maßes an freier Energie, auch Gibbs'sche Energie genannt. Sie wird von diesen in Form von Sonnenergie und Stoffen, z. B. Nahrung, aufgenommen. Ein Teil von ihr wird von Zellen während der Fortpflanzung und des Wachstums in höher organisierte Körpersubstanz umgewandelt und dient auch zur Aufrechterhaltung aller Lebensfunktionen, zum Beispiel das Gehirn als Organ oder die Bauchspeicheldrüse als Hormone produzierendes Organ, deren Substanz einen hohen Ordnungszustand bzw. niedrigen Entropiezustand aufweisen. Parallel dazu wird ein anderer Teil, in der Regel der größere, in Wärme (enthalpiesche Entropie) und in niedermolekulare Substanz (chemische Entropie) umgesetzt und aus den Zellen ausgeschleust.

Chemisch und thermodynamisch betrachtet ist die freigesetzte Entropie der treibende Faktor für diese irreversiblen Vorgänge.

Je nach seinem thermodynamischen Zustand birgt jeder Stoff ein bestimmtes Gibbs'sches Energiepotenzial in sich. Hieran knüpft sich die Frage, was löst den treibenden Faktor. d. h. die treibende Gibbs'sche Energie aus, damit Fortpflanzung und Wachstum der Zellen möglich werden mit ihren Eigenschaften der Selbstorganisation und Regeneration [14].

Die *natürliche Mutation* ist die sprunghafte qualitative und quantitative Änderung der Struktur und Wirkung eines oder mehrerer Gene (Erbfaktoren), wobei die Art der Änderung dem Zufall überlassen ist (Gesetz der Wahrscheinlichkeit) [9, 15].

Die *natürliche Selektion* ist die Auslese der sich selbst befreienden und fertilsten Individuen aus einer genetisch heterogenen Population einer Spezies. Sie ist eine auf optimale Überlebensfähigkeit und Nutzen ausgerichtete (teleologische)[13] Auswahl [11].

Zum Beispiel führte der extrem kalte und lange Winter 1946/1947 in Mitteleuropa zur Verminderung der Insekten. Damit war ein Nahrungsmangel für Maulwürfe verbunden. Genetisch bedingt kleinere Tiere hatten einen Selektionsvorteil.

---

[12]Vitalisatoren sind doppelt rückkoppelnde Katalysatoren (s. Literaturhinweis G. Wächtershäuser [24]).

[13]Telos (gr.) – Ziel, Zweck.

Sie kamen mit weniger Nahrung aus. Größere Tiere verhungerten eher. Untersuchungen zeigten, dass der prozentuale Anteil größerer Tiere nach diesem Winter kleiner geworden war. Die Auslese setzte am Phänotyp an. Genotypische Unterschiede, die phänotypisch nicht in Erscheinung traten, wurden von dieser Art Selektion nicht erfasst [30].

Die Selektion kann auch als statistischer Prozess verstanden werden. Dabei geht es um den Beitrag einer Spezies, den sie zum Genbestand der nachfolgenden Generation liefert. Auslesebegünstigt ist die Spezies, die im Vergleich zu anderen Spezies mehr Nachkommen hervorbringt, weil sie damit den größeren Genanteil in den Genpool der nachfolgenden Generation einbringt. Selektionsbedingt sind dagegen Spezies mit weniger Nachkommen, denn sie steuern nur einen geringeren Teil ihrer Gene zum Genpool der Folgegeneration bei.

Mutation ist die Zufallskomponente der Evolution.

Selektion ist die Notwendigkeitskomponente der Evolution [9].

Biologische Systeme können mit hauchdünnen Geweben verglichen werden, die in sich zwar sehr stabil sind und sich selbst tragen und zu regenerieren vermögen, doch vertragen sie nicht allzu viele Webfehler, d. h. länger andauernde lebensfeindliche Eingriffe.

Eine mathematische und daraus folgende grafische Darstellung der biologischen Evolution möge die komplexen Zusammenhänge der evolutionären Entwicklung des gesamten biologischen Systems annähernd veranschaulichen (Kap. „Anhang – Erläuterungen Definitionen" Abb. 3).

Sie weist auch auf die symbiotischen Abhängigkeiten der einzelnen biologischen Spezies hin. Sie zeigt weiter, dass der Mensch zwar am Ende der hohen komplexen biologischen Strukturen einzuordnen ist, aber nicht der Mittelpunkt aller biologischen Teilsysteme ist. Als letztes Glied in der sich ständig entwickelnden Evolutionskette wird seine Abhängigkeit von allen übrigen Spezies deutlich. Das biologische System auf unserem Planeten kann sich ohne die Menschheit unbeschadet weiterentwickeln. Der Mensch aber kann nicht ohne das Zusammenwirken mit den übrigen Spezies überleben.

3 Definitionen von biologischen Hauptsätzen [E. Definitions of Biological Principles]

3.1 Der nullte biologische Hauptsatz – Vom Leben, von der Materie und Energie [E. The Zero Biological Principle—of Life, Matter and Energy]

Leben ist eine spezielle Zustandsform von Stoffen hohen Ordnungsgrades innerhalb bestimmter Flexibilitätsgrenzen, die sowohl durch Anpassungsfähigkeit als auch Stabilität gekennzeichnet sind. Das eine bedingt das andere.

Erläuterung [E. Explanation]
Leben ist an komplex strukturierte Materie und Nutzenergie gebunden und somit
an Stoffwechselprozesse. Materie ist gekennzeichnet durch ihre physikalischen,
chemischen und biologischen Eigenschaften. Je nach den Bedingungen ihrer
Umgebung, wie Temperatur, Druck, Materie(Stoff-)konzentration, pH-Wert und
Innerer Energie, nimmt die Materie bestimmte Zustandsformen an [6]. Eine dieser
Zustandsformen ist das Leben. Dieses ist eine spezielle Zustandsform und kann
durch die thermodynamischen Parameter nicht hinreichend beschrieben werden.
Sie zeichnet sich durch die Fähigkeit des Stoffwechselns, der Fortpflanzung, Regeneration und Evolution aus (s. auch Kap. „Wie können biologische Hauptsätze for-
muliert werden?" Abschn. 3.2, Spezielle Eigenschaft der Viren).

Die komplex strukturierte Materie ist der Lieferant für Biowerkstoffe, Biowirkstoffe und der Speicher für nutzbare Energie. Biowerkstoffe dienen zum Aufbau kör-
pereigener Gerüstsubstanzen. Biowirkstoffe sorgen für die Funktionalität stofflicher
Abwandlungen. Die *nutzbare Energie* ist nach dem zweiten Hauptsatz der Thermodynamik die *Freie Energie,* die sich voll in andere Energieformen umsetzen lässt. Sie ist
die Voraussetzung für die Selbststeuerung, Selbstorganisation und Selbsterneuerung
der biologischen Systeme und damit auch der Evolution. Aber diese *freie Energie* ist
nicht hinreichend, um das auszulösen, was das Typische des Lebendigen ist [2].

3.2   Der erste biologische Hauptsatz – Von dem Überlebenstrieb der biologischen Spezies [E. The First Biological Principle—The Urge of the Biological Species to Survive]

Leben versucht allen Existenzbedrohungen zum Trotz immer zu überleben.

Erläuterung [E. Explanation]
Der Überlebenstrieb jeder biologischen Spezies ist so stark ausgeprägt, dass sie
alle möglichen Gegebenheiten durch Adaptation, Mutation und Selektion aus-
schöpfen, um auftretende Lebenswidrigkeiten zu überwinden und ihr Überleben
zu sichern.

3.3   Der zweite biologische Hauptsatz – Von der Opferung der Individuen einer Spezies in Krisen [E. The Second Biological Principle—The Sacrifice of Individuals by the Species in Times of Crises]

Die Anzahl der Individuen einer Spezies verringert sich in Überlebenskrisen so
lange, bis ihre Existenz wieder gesichert ist. Die Verringerung der Population kann
durch eine aktive oder passive Opferung erfolgen.

Erläuterung [E. Explanation]
Die aktive Opferung bedeutet Nahrungsentzug oder gar Töten einer Anzahl von Individuen. Die passive Opferung vollzieht sich in einer Verminderung der Fortpflanzung bzw. Nicht-Vermehrung. Letztere ist im Pflanzenreich üblich.

Ist eine Spezies in ihrem Überleben ernsthaft gefährdet, z. B. durch Futter- und Nahrungsmittelknappheit, Krankheitsepidemien, Mangel an Lebensraum oder Feinden, dann verringert sie sich um eine angemessene Zahl von Individuen so lange, bis die Gefahr vorüber und ihr Leben als Gesamtheit wieder gesichert ist.

3.4 Der dritte biologische Hauptsatz – Von der Wechselwirkung zwischen Individuum und Population
[E. The Third Biological Principle—The Interaction of Individuals and the Population]

Der Lebensverlauf eines Individuums einer biologischen Spezies unterliegt den biologischen Phasenumwandlungen, der einer gesamten Spezies dem Rhythmus der Generationsfolgen. Beiden, Individuum und Population, ist gemeinsam ein Wechsel (Rhythmus) zwischen Aktivitäts- und Ruhephase (Kap. „Anhang – Erläuterungen Definitionen" Abb. 2 und 7).

Erläuterung [E. Explanation]
Leben ist ein offenes System, verläuft irreversibel und ist damit zeitlich in die Zukunft gerichtet. Im Fall eines Individuums äußert es sich als biologische Phasenumwandlung[14], die schrittweise von der Auslösung der Fortpflanzung (Fertilisation)[15] bis zum Tod (letale Phase)[16] verläuft (Kap. „Anhang – Erläuterungen Definitionen" Abb. 2) [19]. Dem Tod voraus geht die Sterbephase, die sich in einer allmählichen Desorganisation der biologischen Substanz und damit Inflexibilität äußert. Die Sterbephase bedeutet einen Strukturabbau biologischer Substanz (Entstrukturierung), aber auch eine zunehmende Polymerisation wie z. B. die nichtenzymatischen Glykosylation zwischen Glucose und Proteinen [26]. Die Gesamtmasse des jeweiligen Individuums bleibt konstant [2]. Das Kennzeichen des Lebensverlaufs einer Population einer Spezies ist der Rhythmus von Generationsfolgen.

Die Entwicklung des gesamten biologischen Systems lässt sich als fortlaufende angeregte Schwingungen darstellen, deren Umhüllungskurve als Evolutionskurve anzusehen ist (Kap. „Anhang – Erläuterungen Definitionen" Abb. 3).

---

[14]Biologische Phasenumwandlungen sind das Ergebnis der Selbstorganisation von Materie und eine Folge von chemischen Stoff- und Strukturumwandlungen, die mit Veränderungen der biologischen Funktionen, Wirkungsmechanismen und Eigenschaften der jeweiligen Stoffe einhergehen. Die Phasenübergänge erfolgen momentan. Sie sind irreversibel. Die Phasenübergänge werden genetisch gelenkt [16].

[15]Fertilis (lat.) – fruchtbar.

[16]Letalis (lat.) – tödlich, abgeleitet von letum (lat.) – Tod.

Die Lebensdauer eines Individuums ist *begrenzt* und die einer Population ist nicht voraussehbar. Der Rhythmus zwischen dem Beginn der Fertilisation und Mortalitätsphase eines Individuums sichert den Fortbestand einer Spezies und die unveränderte Weitergabe der Gene zusammen mit den gespeicherten biologischen Informationen, d. h. den Erbfaktoren. Dieser Ablauf ist irreversibel.

Das bedeutet, die Individuen einer Spezies sterben, dagegen die Spezies in ihrer Gesamtheit nicht, solange die Umweltbedingungen lebenszugewandt sind, z. B. angemessener Temperaturbereich, Wasservorrat, Nahrungsquellen und dergleichen. Die Spezies erhalten sich am Leben durch ständige Fortpflanzung ihrer Individuen. Letztere geben ihre Gene weiter von Generation zu Generation über die Keimbahnen ihrer Individuen.

Der dritte biologische Hauptsatz schließt das Gesetz von der freien Enthalpiezunahme und der damit in der Regel verbundenen Entropieabnahme – vorübergehend bis zum Tod – mit ein. Während des Keimens, der Zellteilung, der Befruchtung und des nachfolgenden Heranwachsens eines Individuums ist die Zufuhr von freier Enthalpie, ΔG, notwendig. Die Wachstumsphase wird begleitet von einer zunehmenden Verdichtung der biologischen Körpermasse und einem höheren Komplexitätsgrad der Organisation und Struktur. Entsprechend nimmt die freie Enthalpie der Umgebung ab und die der biologischen Spezies bzw. des Individuums zu [2, 15, 17]. Die Entropie der Umgebung steigt zunehmend. Je höher der Komplexitätsgrad, desto stärker der Entropiezuwachs der Umgebung.

Von dieser generalisierenden Aussage müssen die Einzeller, z. B. Bakterien u. a., ausgenommen werden. Für sie gilt als Population zwar auch, dass ihre Lebensdauer unbegrenzt ist, sofern sie nicht durch eruptive Umwelteinwirkungen vernichtet werden, und sie unterliegen ebenfalls dem Rhythmus der Generationsfolgen. Doch das Einzeller-Individuum als solches stirbt nicht bzw. erleidet keinen Tod, sondern es vermehrt seine Population durch stete Zellteilung nach dem mathematischen Gesetz der geometrischen Reihe. Die Vermehrungsgrenzen der Einzeller werden nicht am Ende einer Sterbephase durch den biologischen Tod, sondern durch überlebenswidrige Umweltfaktoren gesetzt, wie z. B. Temperatur (Trockenheit), Druck, Nahrungsmangel, konkurrierende andere Mikroorganismen, Gifte.

Der Tod als Erneuerung des Zellsystems einer Spezies [E. the Death as Regeneration of the Cellular Substance of a Biological Species]

Der Tod ist der Zeitpunkt einer Lebensphase einer biologischen Spezies, in dem alle Stoffwechselprozesse und damit alle Fortpflanzungspotenzen zum Erliegen kommen. Diesem Zeitpunkt voraus verläuft die Sterbephase, in der sich alle Stoffwechselvorgänge allmählich verlangsamen, da die gesamte Zellstruktur des jeweiligen Individuums gealtert ist. Sie müssen aus dem Lebenszyklus der Spezies ausgeschleust werden, damit sie die durch die Geburt einer nachfolgenden Generation erneuerten Zellen nicht belasten. Diesem Vorgang der Erneuerung, Reifung und des Absterbens unterliegen alle vielzelligen Lebenssysteme (s. Kap. „Anhang – Erläuterungen Definitionen" Abb. 2).

Die Einzeller dagegen pflanzen sich durch Zellteilung fort und werden noch über Generationen von immer geringer werdenden Anteilen älterer Zellen begleitet (s. S. 47, Abs. 3).

Kurz gefasst ist der Tod eine stete Verjüngung des Zellsystems einer vielzelligen biologischen Spezies.

3.5 Der vierte biologische Hauptsatz – Von den Besonderheiten der Spezies Mensch als Erkenntnissuchender *[E. The Fourth Biological Principle—The Features of the Species Man]*

Der Mensch ist das letzte, aber auch komplexeste Glied in der biologischen Evolutionskette, aber er ist nicht das Zentrum des biologischen Systems (Kap. „Anhang – Erläuterungen Definitionen" Abb. 3). Zugleich zählt er zu den Lebewesen, die mit sich selbst zu reflektieren vermögen und sich ihrer eigenen Vergangenheit bewusst sind.

Ob noch andere Spezies der Selbstreflexion fähig sind, ist aus menschlicher Sicht schwer zu beurteilen. Beobachtet man das Verhalten von Termiten, Bienen oder Vögeln, muss man vorsichtig sein, den Menschen eine Sonderstellung zuzuordnen.

Neugierde ist der Urtrieb des forschenden Geistes des Menschen, er ist ein Erkenntnissuchender.

Alles, was der Mensch denkt und wozu er sich imstande fühlt, wird er immer versuchen zu verwirklichen.

Erläuterung [E. Explanation]
Die typischen Eigenschaften der Spezies Mensch sind seine Fähigkeiten der Reflexion, der grenzenlosen Fantasie, des tiefen Denkens und damit verbunden die der bewussten Neugierde. Das schließt sein rationales Denken und Handeln, sein Erinnerungsvermögen sowie sein Planungsvermögen in die Zukunft mit ein. Diese Eigenschaften lassen ihn sich selbst und sein Verhältnis zur Natur im weitesten Sinne bewusst werden. Nur der Mensch vermag aufgrund seines Denkens zwischen Vergangenheit und Zukunft zu unterscheiden [16]. Gegenüber den übrigen biologischen Spezies besitzt der Mensch eine Vorstellungskraft, mit der er über die Schranken seiner eigenen Person hinaus sich in die Gefühle und Empfindungen anderer Personen hineinzuversetzen vermag [21]. Andererseits kann er nicht über die Grenzen und Wandlungsfähigkeit der Natur hinausschauen. Er kann nur das von ihr Vorgegebene erkennen und nachahmen.

Der Mensch ist das einzige Lebewesen, das ständig gegen die biologischen Einsichten und Gesetzmäßigkeiten verstößt. Deshalb wird es einen biologischen katastrophenähnlichen Bumerang für ihn geben, der ihn langfristig wieder in die notwendigen biologischen Verhaltensweisen zurückholt [16]. Biologische Reaktionen sind Langzeitreaktionen.

Der Mensch ist, wie alle übrigen Lebewesen, den urtrieblichen Grundbedürfnissen des Stoffwechsels (Metabolismus), der Fortpflanzung (Reproduktion), der Adaptation, der Mutation (vererbbare Wandlungsfähigkeit) und des alles beherrschenden Überlebenstriebes unterworfen. Aber der Mensch ist sich dieser Urtriebe bewusst, ohne ihnen entrinnen zu können [3].

Daraus folgt weiter, dass der Mensch sich nicht als Mittelpunkt des biologischen Systems begreifen darf. Er muss akzeptieren, dass er seine Umwelt nicht so ohne Weiteres nach seinen Vorstellungen umgestalten darf und sich alle übrigen Spezies danach zu orientieren haben. Auch sein Lebensverlauf ist von den Biorhythmen zwischen der Aktivitäts- und Regenerationsphase bestimmt (Kap. „Anhang – Erläuterungen Definitionen" Abb. 4). Während der Regenerationsphase muss durch den Stoffwechsel der hohe Bedarf an freier Energie bereitgestellt werden, der insbesondere vom Gehirn während der Aktivitätsphase benötigt wird. Der Mensch hängt von allen anderen biologischen Spezies ab, aber diese nicht vom Menschen. Das biologische System ist ein symbiotisches System.

Steigende Lebenserwartung und sinkende Fruchtbarkeit kennzeichnen zurzeit das Verhalten der Spezies Mensch in den Industrieländern. Diese Entwicklung führt zu einer Minderung der biologischen Überlebensfähigkeit dieser Menschen. Es bleibt abzuwarten, wie die Spezies Mensch in den kommenden Generationen diese Überlebensschwäche durch Selbstregulierung ausgleichen wird. Wird die Alterssterblichkeit abrupt steigen und die Gebärfreudigkeit wieder zunehmen?

3.6   Ausblick für die Spezies Mensch *[E. Outlook of the Species Man]*

Der erste biologische Hauptsatz sagt etwas aus über die Überlebenskraft einer Spezies. Die Richtung, in die sie wirkt, ist vorerst unbekannt. Sie offenbart sich erst während des Prozesses selbst.

Auf die Menschheit bezogen heißt das, dass es vermessen ist, aus einer bisher wahrgenommenen zunehmenden Lebenserwartung der Menschen eine noch höhere abzuleiten. Biologische Prozesse anhand von statistisch erfassten Daten über mehrere Generationen hinaus zu extrapolieren, kann zu großen Irrtümern führen.

Aufgrund der gegenwärtigen Altersstruktur der lebenden Menschen auf eine im Jahre 2050 zu schließen, lässt sich biologisch nicht begründen.

Das setzt nämlich voraus, dass sich die Lebensbedingungen für die Menschheit kaum ändern und auch deren Verhalten nicht. Und gerade darüber lassen sich keine Aussagen machen.

Die Altersstruktur kann sich spontan ändern, indem die Sterberate der heute lebenden *Alten* in verhältnismäßig kurzer Zeit stark ansteigt. Dieser Effekt kann hervorgerufen werden durch Krankheitsepidemien. – Die Verbreitung von Infektionskrankheiten durch die Globalisierung ist nur eine Möglichkeit. – Eine weitere Sterbefolge ist die innere Vereinsamung der älteren Menschen in unserer materialisierten Industriegesellschaft. Ein dritter schleichender sterbebeschleunigender Faktor ist die falsche Ernährung, wie sie durch die industrielle Nahrungsmittelaufbereitung immer mehr um sich greift.

In Notzeiten, hervorgerufen durch Süßwasserknappheit, Hunger, Krankheiten und Kriege stirbt der ältere Teil einer Generation immer zuerst. Fürsorge gilt den Kindern und Selbstschutz den Gesunden und Aktiven.

Eine größere Sterberate der älteren Generation wird den Anteil der Jüngeren unter den Lebenden automatisch erhöhen und die Überlebenschancen der gesamten Spezies verbessern.

Eine Zunahme der jüngeren Generation kann auch zusätzlich dadurch erfolgen, dass die nachfolgenden Generationen aus sich selbst heraus erkennen, dass zur Erhaltung ihrer eigenen Lebensqualität und Überlebenschancen es sehr sinnvoll ist, wieder Kinder zu zeugen und auch selbst in der Familie aufzuziehen.

Diese Beispiele mögen noch einmal darauf hinweisen, dass biologische Entwicklungen Langzeitprozesse mit selbst regulierenden Eigenschaften sind. Deren Trend ist schwer auszumachen.

Vielleicht ist die Unausgewogenheit der Verteilung von *Jung* und *Alt* innerhalb einer Generation ein Anzeichen dafür, dass die Menschen die Grenzen ihres Wachstums erreicht haben und darauf mit einer Minderung der Geburtenrate und bald auch mit einer Steigerung der Sterberate antworten.

Wer will die Augen davor verschließen, dass mit der Urbanisierung der Weltbevölkerung eine rücksichtslose Ausbeutung der Rohstoffreserven und der landwirtschaftlichen Ackerflächen erfolgt? An eine notwendige Regeneration denkt dabei niemand.

3.7 Zusammenfassung *[E. Summary]*

Biologische Systeme sind *offene Systeme* (Kap. „Anhang – Erläuterungen Definitionen" Abb. 1). Sie stehen mit ihrer Umgebung im ständigen Energie-, Stoff- und Informationsaustausch, die unter dem Begriff des Stoffwechselprozesses zusammengefasst werden. Daraus folgt, dass Leben zwar an *Stoff- und Energiesysteme* gebunden ist, aber sich durch weitere Kriterien auszeichnet [14].

Ihre Umwandlungsprozesse sind *irreversibel*, d. h. einseitig gerichtet und immer zukunftsorientiert.

Diese einseitige Zukunftsorientierung äußert sich in der Fortpflanzung (Reproduktion) und der Fähigkeit der begrenzten Selbsterneuerung von Organen (Heilung von Verletzungen).

Biologische Systeme sind somit auch *regenerative Systeme,* deren Rhythmen die Generationsfolgen einer Spezies sowie von biologischen Systemen sind. Rhythmen sind das Zeitmaß für biologische Prozesse.

Dynamische Prozesse von biologischen Systemen, einschließlich die des Menschen, müssen in Generationsfolgen dargestellt werden (s. Anhang Abschn. 2, Von den Systemen in der Natur).

– *Schlussfolgerungen* [E. Deductions]

Leben ist ein sich immer wieder selbst regenerierender Zustand der Materie mit dem höchsten Ordnungsgrad bzw. mit der niedrigsten Entropie. Dieser Zustand vermag sich immer wieder aus sich selbst heraus zu erhalten, d. h. sich zu erneuern. Die Ursache dieser Regenerationsfähigkeit vermögen wir Menschen nicht zu ergründen.

Im biologischen Sinne gibt es keine Fehlentwicklungen. Jede Spezies und jedes Teilsystem ist in sich gleichwertig und trägt zur Aufrechterhaltung des gesamten biologischen Systems bei. Aus menschlicher Sicht kann die Evolution der Vergangenheit gedanklich nachvollzogen werden. Das evolutionäre Ziel für die Zukunft ist dagegen nicht auszumachen.

Daraus folgt weiter, dass Krankheiten vielfach nicht ausgerottet werden. Es können immer nur Heilmittel entwickelt werden, um Krankheitsursachen und -symptome zu erkennen, zu lindern oder vorübergehend zu heilen. Das Evolutionspotenzial der biologischen Systeme ist unerschöpflich, sodass die Bekämpfung von Krankheiten zu keiner Zeit beendet sein wird.

– *Schlussbemerkung* [E. Final Remarks]

Bei der Beschreibung biologischer Begriffe und Prozesse im Allgemeinen und der Definition von biologischen Hauptsätzen gerät man sehr leicht in die Nähe philosophischer Betrachtungen.

Hier erweist sich die unglückselige Trennung der Wissenschaften in Geistes- und Naturwissenschaften als Erkenntnis hindernd. Beide Wissenschaften haben zwar ihre eigenen Denk- und Arbeitsmethoden, gemeinsam ist ihr Suchen und Forschen nach Erkenntnis. *Charles Percy Snow,* ein englischer Naturwissenschaftler und Schriftsteller (1905–1980), stellte fest, dass unsere Gesellschaft immer noch in die zwei Kulturen der Natur- und Geisteswissenschaften zerfällt, und er beklagt Folgendes: *„Die Wissenschaftler lesen nicht Shakespeare und die Humanisten haben keinen Sinn für die Schönheit der Mathematik“* [22].

Anhang – Erläuterungen Definitionen
[E. Appendix—Explanations and Definitions]

1 Die Hauptsätze der Thermodynamik [E. The Principles of the Thermodynamics] [26]

Die Hauptsätze der Thermodynamik sind Erfahrungssätze. Sie wurden aus den zahlreichen energetischen Prozessen und Umwandlungen durch Beobachtung gewonnen.

Die Thermodynamik befasst sich mit den quantitativen Beziehungen zwischen der Wärmeenergie einerseits und den übrigen Energien andererseits. Dadurch wird die Sonderstellung der Wärmeenergie unter allen Energieformen angezeigt.

Energie ist die Fähigkeit eines materiellen Systems, Arbeit zu verrichten.

Jede Energie setzt sich als Produkt aus einem Quantitätsfaktor und einem Qualitätsfaktor zusammen.

Der Qualitätsfaktor wird häufig auch Intensitätsfaktor genannt.

Zwischen den physikalischen Maßeinheiten gelten die in Tab. 1 dargestellten Beziehungen.

Wärmeenergie bei hoher Temperatur ist von einer stärkeren Intensität als Wärmeenergie von niederer Temperatur.

Kühlt sich ein Kubikmeter überhitztes Wasser von 120 °C auf 20 °C ab, dann wird eine Wärmeenergie von $q = c \cdot m(t_2 - t_1)$ freigesetzt.

$$q = \frac{4,1\,\mathrm{kJ}}{\mathrm{kg}\,^{\circ}\mathrm{C}} \cdot 1000\,\mathrm{kg}\,^{\circ}\mathrm{C}\,(120\,^{\circ}\mathrm{C} - 20\,^{\circ}\mathrm{C})$$

$$q = 410\,\mathrm{MJ}\ (\text{Megajoule})$$

Die gleiche Wärmeenergie wird an die Umgebung abgegeben, wenn sich zwei Kubikmeter Wasser von 70 °C und 20 °C abkühlen.

© Springer-Verlag GmbH Deutschland 2017
V. Hopp, *Die Herleitung biologischer Hauptsätze*,
DOI 10.1007/978-3-662-54463-1_3

Tab. 1 Zusammenhang zwischen Energie und Quantitäts- und Qualitätsfaktor [E. Connection between Energy and the Factors of Quantity and Quality]

Energie	=	Quantitätsfaktor	x	Qualitätsfaktor bzw.
Energie	=	Kapazitätsfaktor	x	Intensitätsfaktor
Mechanische Nutzenergie (Arbeit)	=	**Kraft**	x	**Weg**
W_{mech}	=	F_g	x	s
$[W_{mech}]$	=	$[N$	x	$m] = [J]$
Elektrische Energie	=	**Ladung**	x	**Spannung**
W_{el}	=	Q	x	U
$[W_{el}]$	=	$[A \cdot s^1$	x	$V] = [W \cdot s]^2 = [J]$
Wärme-energie	=	**Entropie**	x	**Temperatur**
$W_{Wärme}$	=	S	x	T
$[W_{Wärme}]$	=	$[J/K$	x	$K] = [J]$
Chemische Energie	=	**Molzahl**	x	**Chemisches Potenzial**
W_{Chem}	=	n	x	μ
$[W_{Chem} = \Delta G]$	=	$[mol$	x	$J/mol] = [J]$
Strahlungs-energie	=	**Wirkung**	x	**Frequenz**
W_{Str}	=	$W \cdot t$	x	ν
$[W_{Str}]$	=	$[J \cdot s$	x	$\frac{1}{s}] = [J]$

Erläuterungen zur Tab. 1:
Es bedeuten N = Newton; m = Meter; A = Ampere, T = absolute Temperatur in Kelvin, K;
W = Watt; V = Volt; J = Joule und s = Sekunde
Die Gewichtskraft „F_g" ist definiert als F_g = Masse „m" mal Erdbeschleunigung „g"; $F_g = m \cdot g$
Die Wirkung ist definiert als Arbeit mal Zeit
Die physikalischen Größen Weg „s", Spannung „U", Temperatur „T" und Frequenz „ν" sind
Intensitätsfaktoren. Sie bestimmen die Qualität einer Energieform
ΔG = freie Reaktionsenthalpie (Chemische Energie); μ = chemisches Potenzial, es ist ein Maß
für die Reaktionsfähigkeit eines Stoffes. Große positive Werte des chemischen Potenzials sind für
sehr reaktionsfähige Teilchen charakteristisch
n = Anzahl der Mole einer Stoffmenge
[1]A $\cdot$ s wird auch Coulomb, C, genannt
[2]s bedeutet in diesem Fall Sekunde

$$q = \frac{4,1\,kJ}{kg\,°C} \cdot 2000\,kg\ °C\ (70\,°C - 20\,°C)$$

$$q = 410\,MJ\ (Megajoule)$$

Die freigesetzte Menge an Wärmeenergie ist in beiden Fällen gleich. Aber die Intensität der Wärmeenergie im ersten Beispiel ist aufgrund der höheren Ausgangstemperatur von 120 °C größer. Mit einer Wärmeenergie höherer Intensität kann man eine Turbine zur Erzeugung von elektrischem Strom antreiben, d. h., sie besitzt einen höheren Anteil, der sich in technische Nutzenergie umwandeln lässt.

Die Wärmeenergie mit niederer Intensität reicht nur zum Erwärmen von Badewasser oder von Zentralheizungen in Wohnungen.

Aus diesen Überlegungen folgt das Intensitätsgesetz, das auch als nullter Hauptsatz der Thermodynamik bezeichnet wird.

Nullter Hauptsatz der Thermodynamik [E. The Zero Principle of the Thermodynamics]
Jede Energieform hat das Bestreben, von höherer zu niederer Intensität überzugehen. Die Wärmeenergie fließt immer von einem Körper mit höherer Temperatur zu einem mit niederer Temperatur.

Wasser fließt immer von einem höheren Niveau, z. B. vom Berg, zu einem niederen Niveau, z. B. ins Tal. In diesem Fall ist die Höhendifferenz bzw. Streckendifferenz der Intensitätsfaktor.

Durch das Intensitätsgesetz ist die Richtung allen energetischen Geschehens festgelegt.

Dieses Gesetz wurde 1887 erstmalig von dem deutschen Naturforscher Georg Helm (1851–1923) formuliert.

Erster Hauptsatz der Thermodynamik [E. The First Principle of the Thermodynamics]
Energie ist auch die Fähigkeit zum Austausch von Arbeit und Wärme. Arbeit kann z. B. als potenzielle Energie (Energie der Lage) und Wärme als thermische Energie gespeichert werden.

So wie jeder Stoff und jedes Stoffsystem durch die systemeigenen Größen „Masse" und „Volumen" gekennzeichnet sind, besitzen sie auch ihre systemeigene Energie „u".

Der gesamte Energieinhalt eines Stoffes und Stoffsystems wird unter dem Begriff innere Energie „u" zusammengefasst.

Der wahre absolute Betrag der inneren Energie eines Stoffsystems ist nicht bekannt und kann nicht ermittelt werden. Es können immer nur die Änderungen der inneren Energie, Δu, bestimmt werden.

Die mathematische Formulierung des ersten Hauptsatzes lautet:

$$\Delta u = \Delta w + \Delta q$$

Die Änderung der inneren Energie eines isolierten Systems ist gleich der Summe aller Energiearten Δw und seines Wärmeinhaltes Δq.

Im Prinzip steht links und rechts der Gleichung dasselbe, nur dass die Wärmeenergie wegen ihrer speziellen Eigenschaften noch einmal herausgehoben worden ist.

Der erste Hauptsatz der Thermodynamik ist eine speziellere Form des Energieerhaltungssatzes. Deshalb lautet seine einfache Formulierung:

Energie kann weder erzeugt noch vernichtet werden. Bei jedem Vorgang muss die Gesamtenergie eines isolierten Systems erhalten bleiben.

Zweiter Hauptsatz der Thermodynamik [E. The Second Principle of the Thermodynamics]
Der zweite Hauptsatz stellt die besonderen Eigenschaften der Wärmeenergie heraus.

Er gibt aber keine Auskunft darüber, welcher Anteil der Wärmeenergie in Arbeit umgesetzt werden kann und welcher nicht. Außerdem sagt er nichts über die Richtung eines Vorganges aus.

Um diese beiden Fragen zu beantworten, ist eine neue thermodynamische Größe als Richtungs- und Qualitätskriterium, die Entropie[1], eingeführt worden.

Wärme kann immer nur von einem Körper mit höherer Temperatur auf einen Körper mit niederer Temperatur übergehen. Dieser Vorgang verläuft spontan, d. h. freiwillig und damit von selbst, außerdem nur in eine Richtung. Dafür wurde von Rudolf Clausius die Zustandsvariable Entropie „s" eingeführt. Sie verbindet die fließende Wärmemenge „Δq" und die Temperaturänderung ΔT miteinander:

$$ s = \frac{\Delta q}{\Delta T} \text{ bzw. } d\delta = \frac{dQ_{rev}}{T} $$

Mit diesen Gleichungen wird die Qualität der Wärmeenergie als Nutzenergie beschrieben. Wärmeenergie mit hoher Temperatur ist wertvoller als die mit niedriger Temperatur. Eine Wärmeenergie mit hoher Temperatur lässt sich zu einem größeren Anteil in Arbeit umsetzen.

Die Qualitätsminderung der Wärmeenergie als Nutzenergie entspricht der abgeflossenen Wärmemenge bei der jeweiligen Temperatur.

Die Entropie ist ein Maß dafür, wie Energie von hoher Qualität in Energie von niedriger Qualität übergeht.

Ist die Qualitätsminderung groß, so ist auch die Entropieänderung groß, das ist dann der Fall, wenn bei tiefer Temperatur viel Wärmebewegung erzeugt wird.

Der Vorgang des Rostens von Eisen ist ebenfalls ein einseitig verlaufender Prozess. Die Entropie muss größer werden. Außerdem wird dabei chemische Energie (hohe Qualität) in Wärmeenergie bei Umgebungstemperatur (mindere Qualität) umgewandelt. Die Entropie nimmt auch hier zu.

Fällt ein Köper von einem höheren Niveau der Lage auf ein niedrigeres, so wird potenzielle Energie in kinetische Energie überführt. Die kinetische Energie wandelt sich beim Aufprall in eine Verformung von Masse und in Wärmeenergie auf niedrigem Temperaturniveau um. Dieser Vorgang verläuft spontan (freiwillig) und nur in die beschriebene Richtung. Die umgekehrte Richtung ist nicht möglich. Auch dieses Beispiel lehrt, dass für alle freiwillig verlaufenden Vorgänge nur eine ganz bestimmte Richtung vorgegeben ist. Es gilt die Erfahrung, dass irreversible Prozesse mit einer Entropiezunahme verbunden sind.

Die Expansion von Gasen ist ebenfalls irreversibel, sie verläuft spontan, mindert die Energiequalität (z. B. die Volumenarbeit) und erhöht die Entropie.

Rudolf Clausius[2] und William Thomsen[3] fassten diese Erfahrungen zu einer allgemeinen Aussage als zweiten Hauptsatz der Thermodynamik zusammen.

---

[1]Entrepein (gr.) – umkehren.

[2]Rudolf Clausius (1822–1888), Physikprofessor an den Universitäten in Berlin, Würzburg, Bonn und an der ETH Zürich. Er prägte die Begriffe Entropie und Enthalpie.

[3]William Thomsen (Lord Kelvin) (1824–1907), Physikprofessor in Glasgow.

Es ist unmöglich, periodisch Arbeit auf Kosten von Wärmeenergie zu gewinnen, ohne dass diese gleichzeitig von einem wärmeren auf ein kühleres Reservoir fließt.

Zur Bestimmung desjenigen Anteils der Wärmeenergie, der sich unter vorgegebenen Bedingungen nicht in mechanische Energie (z. B. Arbeit) überführen lässt, ist von Rudolf Clausius 1865 der Begriff der Entropie eingeführt worden. So war eine mathematische Formulierung des zweiten Hauptsatzes möglich geworden.

$$s = \frac{\Delta q}{\Delta T}$$

$$\Delta u = \Delta w + \Delta q \qquad \text{1. Hauptsatz}$$

$$\Delta u = \Delta w + s \cdot \Delta T \qquad \text{2. Hauptsatz}$$

Die Änderung der inneren Energie Δu eines isolierten Systems setzt sich aus einem freien Anteil der Energie Δw und einem gebundenen Anteil der Energie $s \cdot \Delta T$ zusammen.

$$\text{Änderung der inneren Energie} = \text{freie Energie} + \text{gebundene Energie}$$

$$\Delta u \qquad = \qquad \Delta w \quad + \quad s \cdot \Delta T$$

Unter freie Energie sind alle Energieformen, außer Wärmeenergie, zu verstehen. Sie lassen sich alle vollständig ineinander umwandeln, sie sind voll konvertibel. Die Wärmeenergie lässt sich nicht vollständig in die anderen Energieformen umwandeln, es bleibt immer ein gebundener Restwärmebetrag zurück, der sich nicht in physiologische oder technische Nutzenergie umsetzen lässt. Wärmeenergie ist nur bedingt oder unvollständig konvertibel. Der zweite Hauptsatz der Thermodynamik spricht das Energieproblem in der Welt an.

Dritter Hauptsatz der Thermodynamik [E. The Third Principle of the Thermodynamics]

Der dritte Hauptsatz knüpft an das Entropieverhalten der Stoffe an. Er wurde erstmalig von Nernst[4] formuliert und wird auch als das Nernst'sche Wärmetheorem bezeichnet.

Es lautet: Der Entropiegehalt aller Stoffe und Stoffsysteme strebt im Idealfall mit fortschreitender Annäherung an den absoluten Nullpunkt (null Kelvin) asymptotisch[5] dem Wert null zu.

Aus diesem Wärmetheorem folgt eine Definition des dritten Hauptsatzes:

Setzt man die Entropie jedes chemischen Elementes in seinem stabilen Zustand bei $T = 0$, so hat jede Verbindung eine positive Entropie. Sie kann bei $T = 0$ den Wert null annehmen und tut dies, wenn die Verbindung als idealer Kristall (ohne Fehlstellen) vorliegt.

---

[4]Walter Hermann Nernst (1864–1941), dt. Physiker.

[5]Asymptote (gr.) – Gerade, der sich eine ins Unendliche verlaufende Kurve beliebig nähert, ohne sie zu erreichen.

 a (gr.) – nicht; syn (gr.) – mit – zusammen; piptein (gr.) – fallen.

Aufgrund dieser empirischen Erkenntnis wurde die absolute Temperaturskala nach Kelvin definiert ist.

Aus dem Nernst'schen Wärmetheorem folgt weiter, dass es unmöglich ist, den absoluten Nullpunkt in einer unendlichen Anzahl von Schritten zu erreichen.

Die Nichtgleichgewichtsthermodynamik [E. the imbalance thermodynamic]
Nach der von Ilya Prigogine (1917–2003) formulierten Theorie der Nichtgleichge-wichtsthermodynamik vermögen dissipative[6] Strukturen in Systemen fern vom thermodynamischen Gleichgewicht sowohl Selbstorganisation als auch Chaos her-vorbringen.

Drei Voraussetzungen müssen für das Entstehen von dissipativen Strukturen gegeben sein:

1) *Offenheit,* 2) *Ungleichheit,* 3) *Selbstverstärkung.*

In offenen Systemen, die sich in einem ständigen Prozess innerer Wechselwir-kungen weiter entwickeln, nimmt die Unordnung (Entropie) nicht zu, wie es der zweite Hauptsatz der Thermodynamik fordert, sondern es bilden sich Ordnungs-strukturen höherer Komplexität, zu denen auch die der biologischen Systeme zählen.

2 Von den Systemen in der Natur [E. From the Systems in the Nature] [26, 27]

Um Aussagen über die Beschaffenheit und den Zustand von Materie zu machen, ist der abstrakte Begriff des „Systems" geprägt worden. Damit soll zum Ausdruck gebracht werden, dass eine Beschreibung von Materie und deren Zustände immer nur über abgegrenzte materielle Objekte gemacht werden kann, die man dann Sys-teme nennt.

Die *Systemlehre* stellt die Zusammenhänge in den Vordergrund, weniger die isolierten Einzelelemente.

Systemdenken heißt denken in Vorgängen, in Zusammenhängen und im Kon-text.

Definitionen
Ein System[7] ist eine abgegrenzte und gegliederte Anordnung von Bau- oder/und Funktionselementen, die alle durch verknüpfte Wechselwirkungen miteinander im Zusammenhang stehen und voneinander abhängig sind.

Schert eines dieser Elemente aus der Anordnung aus oder zeigt es ein nicht reparables systemfremdes Verhalten, dann wird das System funktionsunfähig oder es bricht in sich zusammen.

---

[6]Dissipativ (lat.) – Zerstörung, Verschwendung.

[7]Systema (gr.) – zusammengefasstes Ganzes, geordnetes Zusammenspiel von Dingen und Pro-zessen.

Bau- und Funktionselemente können Gedanken, Begriffe, Kräfte, Materie- bzw. Stoffteilchen und Zellen sein.

Die Beschaffenheit der Wände der Systeme kann sehr unterschiedlich sein. Es wird unterschieden zwischen

- abgeschlossenen Systemen. Bei diesen sind die Wände undurchlässig für Stoffe, Arbeit und Wärme, z. B. eine ideale Thermosflasche oder ein Dewar-Gefäß[8].
- geschlossenen Systemen. Die Wände sind undurchlässig für Stoffe, aber durchlässig für Arbeit und Wärme, z. B. ein im Kreislauf geführtes Warmwasser-Heizungssystem bzw. Wärmetauscher.
- adiabatisch[9] abgeschlossenen Systemen. Sie sind für Stoffe und alle Energieformen durchlässig, außer für Wärme.
- offenen Systemen. Die Wände sind durchlässig für Wärme, Arbeit und Stoffe. Alle biologischen Systeme sind offene Systeme.

In der Chemotechnik kann es sich bei Systemen z. B. um ein Reaktionsgefäß, um einen Apparat oder eine elektrische Zelle handeln. In der Biologie können Systeme eine Zelle, Zellkolonien, eine Pflanze oder der Mensch als Ganzes sein. Außerhalb der Systeme befindet sich die Umgebung, mit der sie gar nicht, teilweise oder total in Bezug auf Stoff, Wärme und Arbeit in Wechselbeziehung stehen.

– *Biologisches System* [E. The Biological System]

Ein biologisches System ist eine abgegrenzte Zelle oder eine gegliederte Anordnung von Zellen, die sich fortpflanzen, regenerieren und sich bei Störungen aus sich selbst heraus reparieren (heilen).

Lebewesen (species) manifestieren sich als Zellenstaat, das ist eine hoch organisierte Gemeinschaft von sehr vielen und verschiedenen Zellindividuen.

Ein wesentliches Charakteristikum lebender Organismen und sozialer Systeme ist ihre Fähigkeit, sich der Umwelt anzupassen.

Höhere Organismen sind zu drei Anpassungsarten fähig:

1. Stressüberwindung, d. h. kurzfristige Belastung, Anpassung durch Inflexibilität, Widerstand.
2. Somatischer[10] Wandel, Anpassung an Dauerbelastung, Flexibilität.
3. Anpassung der Arten durch Evolution, d. h. Mutation und Selektion bzw. genetische Veränderungen.

---

[8]James Dewar (1842–1923), schottischer Chemiker und Physiker. Dewar-Gefäße sind innenverspiegelte (mit Silber, Kupfer oder hochpoliertem Edelstahl), doppelwandige Glasgefäße mit evakuiertem Zwischenraum. Sie dienen zur Aufbewahrung von flüssigen Gasen oder Flüssigkeiten, die gegen Wärmetausch geschützt werden sollen.

[9]Adiabenain (gr.) – nicht hindurchgehen.

[10]Soma (grch.) – Körper.

– *Wesentliche Eigenschaften des biologischen Systems* [E. Essential Properties of
the Biological System]

Biologische Systeme sind *offene Systeme.* Sie stehen mit ihrer Umgebung im
ständigen Energie-, Stoff- und Informationsaustausch, die unter dem Begriff des
Stoffwechselprozesses zusammengefasst werden. Daraus folgt, dass Leben an
Energie- und Stoffumwandlung gebunden ist (Abb. 1).

Ihre Umwandlungsprozesse sind *irreversibel,* d. h. einseitig gerichtet und
immer zukunftsorientiert.

Diese einseitige Zukunftsorientierung äußert sich in der Fortpflanzung
(Reproduktion) und der Fähigkeit der begrenzten Selbsterneuerung von Organen
(Heilung von Verletzungen).

Biologische Systeme sind somit auch *regenerative Systeme,* deren Rhythmen die Generationsfolgen einer Spezies sowie von biologischen Systemen sind.
Rhythmen sind das Zeitmaß für biologische Prozesse.

Dynamische Prozesse von biologischen Systemen, einschließlich die des Menschen, müssen in Generationsfolgen dargestellt werden.

Die Zeitphase „eine Minute" hat bei einem Mikroorganismus eine andere
Bedeutung als die von einer Eintagsfliege oder die von einem Menschen. Zeitlich

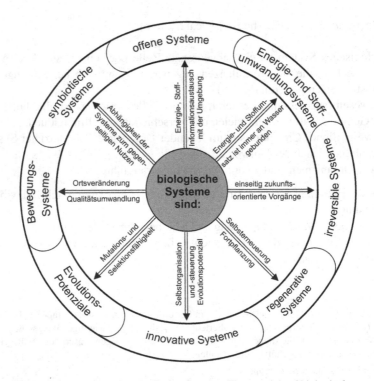

Abb. 1 Essenzielle Eigenschaften biologischer Systeme [E. essentials of biological systems]

adäquat ist die Generationsphase von 20 min eines Escherichia coli zu der von 12 h einer Eintagsfliege und der Generationsphase von 20 Jahren beim Menschen.

Nimmt man die Existenz des Homo sapiens seit ca. 3 Mio. Jahren an, so hat er bis zur Gegenwart 150.000 Generationen durchlebt, mutiert und selektiert und ist zu dem geworden, wie er sich heute begreift. Dagegen benötigen Bakterien mit einer Generationsphase von 20 min für 150.000 Generationsfolgen eine relative Zeit von 5,7 Jahren – wen verwundert da noch die relativ schnelle Mutationsfähigkeit von Mikroorganismen bzw. die Entwicklung ihrer Resistenz gegenüber toxischen Substanzen, wie z. B. Antibiotika? Der Mensch muss seinen Zeitbegriff relativieren, um zu neuen Erkenntnissen über Biologie, Wirtschaft und Gesellschaft zu gelangen.

- Die Zeit ist im biologischen Sinne eine Abfolge von Ereignissen, die Stoffe und Energie umwandeln. Ein Teil der Energie wird dabei in irreversible Formen, wie z. B. Wärmeenergie überführt. Sie erhöht die Gesamtentropie der Umgebung. Die Generationsfolgen ermöglichen den biologischen Systemen, dass sie sich vorübergehend entgegen dem Entropiesatz entwickeln. Nach dem Ablauf einer Generationsphase (Abb. 2) mündet der Lebensverlauf einer Spezies in die Auflösungsphase, d. h. in den Zerfall bzw. der Dissipation und damit in eine Entropiesteigerung.
  Die Offenheit der biologischen Systeme beinhaltet auch, dass es keine Begrenzung der biologischen Vielfalt an Formen, Strukturen, Komplexität und Spezies gibt. Sie sind gekennzeichnet durch innovative Entwicklungen. Alles ist möglich, was Leben erzeugt und erhält, sowohl im Mikro- als auch im Makrobereich. Die Anzahl der Freiheitsgrade für die Gestaltung von Leben ist in einem offenen System unerschöpflich. Auftretende angebliche Fehlentwicklungen oder sogenannte Schwachstellen innerhalb einer Spezies sind zugleich die Chance für sich entwickelnde neue Systeme (Abb. 3).
- Biologische Systeme sind somit *innovative Systeme*. Eine Bewertung nach Qualität schließt sich von selbst aus. Sie erfordert ein biologisches Wertesystem, das es nicht gibt. Jede Spezies und jedes Teilsystem hat ihre arteigene spezifische Qualität. Auf molekularer Ebene zeigen sich die innovativen Entwicklungen durch verändernde Variationen und Kombinationen der Bausteine der Biopolymeren wie Kohlenhydrate, Phospholipide, Proteine, DNS, Nukleinsäuren u. a. (Abb. 4 und 5).

Innovative Systeme beinhalten auch das *evolutionäre Potenzial*. Das ist die vererbbare Fähigkeit, sich veränderten Lebensbedingungen zur Stärkung der Überlebenschancen anzupassen (Abb. 6).

Typische Kriterien der biologischen Evolution sind die Mutation und Selektion. Ihr eigen sind die Selbsterneuerung, Selbstorganisation, Selbststeuerung und Fortpflanzung.

- Biologische Systeme sind *symbiotische Systeme*. Im weitesten Sinne stehen die biologischen Systeme und dessen Spezies im wechselseitigen Abhängigkeitsverhältnis zum gegenseitigen Nutzen. Jedes Teilsystem nutzt einem anderen, sie ergänzen sich.
- *Schlussfolgerungen*
  Im biologischen Sinne gibt es keine Fehlentwicklungen. Jede Spezies und jedes Teilsystem ist in sich gleichwertig und trägt zur Aufrechterhaltung des gesamten

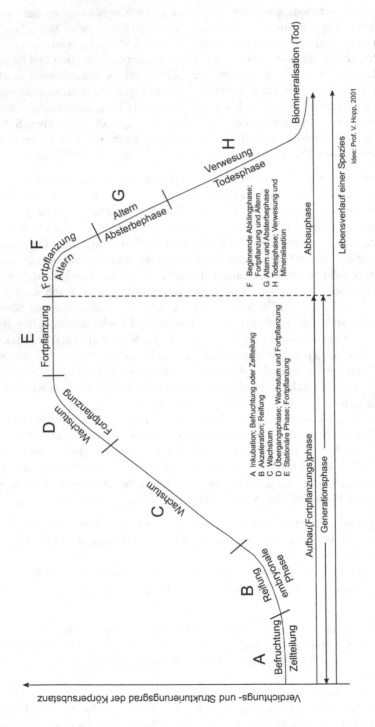

Abb. 2 Irreversible biologische Phasenumwandlungen als fließende Übergänge [E. irreversible biological transformation as flowing transition]. Zu unterscheiden ist zwischen Generationsphase und Lebensdauer. Die Generationsphase ist diejenige Zeit einer Spezies, um ihre Fortpflanzung zu sichern. Sie ist kürzer als die Lebensdauer eines Individuums. (Hinweis von Williams S., Butcher, PH. D. P. R. National Science Foundation)

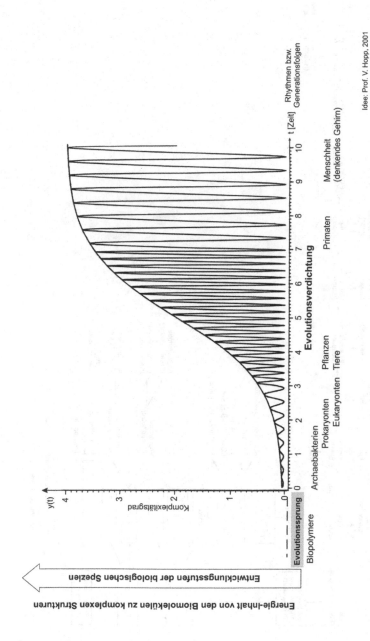

Abb. 3 Lebenszyklen biologischer Systeme [E. life cycles of the biological systems]. Y(t) = Komplexitätsgrad

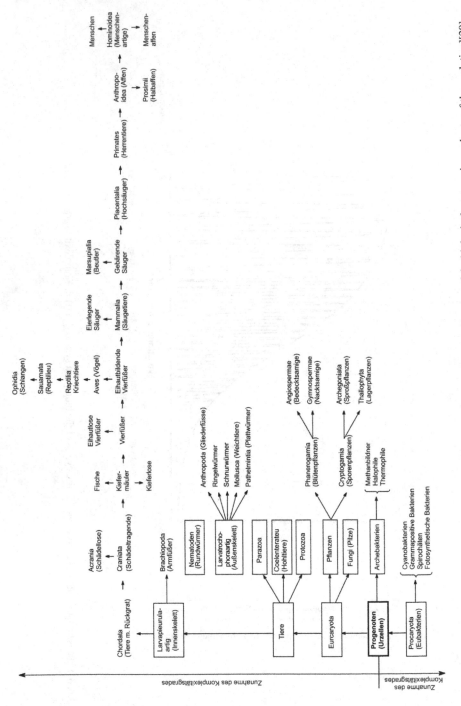

Abb. 4 Klassifikation der biologischen Systeme als Evolutionsschema [E. the classification of the biological systems in a scheme of the evolution][20]

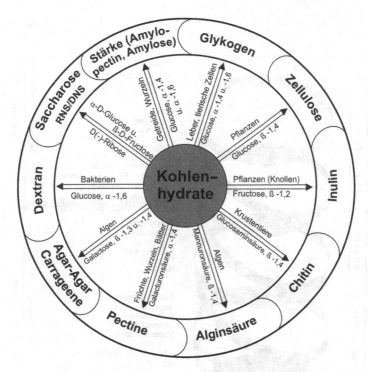

Abb. 5 Wichtige Kohlenhydrate in der Natur [E. important carbohydrates in nature]

biologischen Systems bei. Aus menschlicher Sicht kann die Evolution der Vergangenheit gedanklich nachvollzogen werden. Das evolutionäre Ziel für die Zukunft ist dagegen nicht auszumachen.

Daraus folgt weiter, dass Krankheiten nicht ausgerottet werden. Es können immer nur Heilmittel entwickelt werden, um Krankheitsursachen und -symptome zu erkennen, zu lindern oder vorübergehend zu heilen. Das Evolutionspotenzial der biologischen Systeme ist unerschöpflich, sodass das Auftreten neuer Krankheiten und ihre Bekämpfung zu keiner Zeit beendet sein wird.

3 Definition einiger biologischer Begriffe [E. Definition of some Biological Terms]

– Kriterium einer biologischen Art (Spezies) [E. Criterion of a Biological System]

Eine biologische Art (Spezies) ist eine Fortpflanzungsgemeinschaft und damit eine Einrichtung zum Schutze ausgewogener harmonischer Genotypen. Sie ist eine Gruppe von sich miteinander fortpflanzenden Populationen, die reproduktiv (genetisch) durch physiologische oder Verhaltensbarrieren von anderen derartigen Gruppen isoliert ist [14].

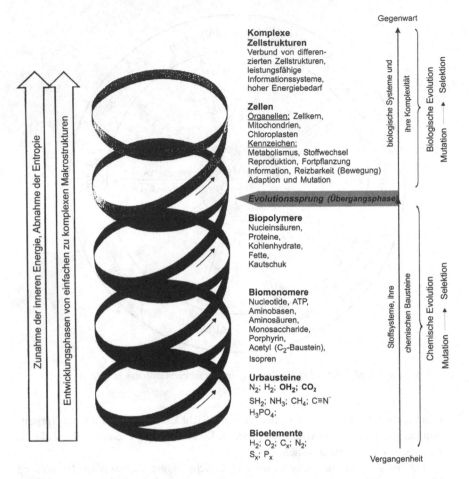

Abb. 6 Evolutionsspirale – von den Bioelementen zu den komplexen Strukturen [E. evolution spiral – from the bioelements to complex macro-structures]. Diese chemisch-biologische Evolutionsspirale widerspiegelt die Bau- und Funktionsstoffe des abgewandelten Darwin'schen Lebens- bzw. Evolutionsbaums. In dem *„Tree of Life"* sind die Pflanzen mit eingebunden [20]. Andrew M. Sugden, Barbara R. Jasny, Elizabeth Culotta und Elizabeth Pennisi diskutierten diese neue Version in Science Vol 300 pages 1691–1709

Besonderheiten der Einzeller [E. Features of Single Cells][11]

Im Gegensatz zu den Mehrzellern besteht bei einzelligen Lebewesen, den Protozoen bzw. Prokaryonten, die körperliche Substanz in den Individuen der Folgegeneration im Wesentlichen fort. Es gibt keinen abrupten Tod am Ende der materiellen Veränderung des Ausgangsindividuums nach der Zellteilung. Dessen Teile existieren ohne die geringste Unterbrechung des Lebensprozesses weiter, obwohl bei wiederholten Teilungen ein Großteil des Cytoplasmas der Mutterzellen allmählich verloren geht.

---

[11]*Literatur:* Erben, H. K. (1978/1979), Über das Aussterben in der Evolution, Mannheimer Forum 78/79, Boehringer Mannheim GmbH, Mannheim.

Im gewissen Sinne handelt es sich um einen Verdünnungseffekt durch nachgebildetes Cytoplasma der Tochterzellen. Mit den Teilungsvorgängen geht allerdings die eigene Individualität der Ausgangszellen verloren. Sie geht in die der Tochtergenerationen über (s. Abschn. Der dritte biologische Hauptsatz).

Sterbeprozess als Verlust der eigenen Individualität und Erneuerungsvorgang als Regeneration gehen mit jeder Zellteilung fließend ineinander über.

– *Wachstumsphasen einer Bakterienkultur* [E. Bacterial Growth]

Ausgehend von einer vermehrungsfähigen Bakterienkultur in einem Nährmedium durchläuft die Vermehrung vier Phasen.

1. Lag-Phase; Anpassungsphase
   Nach Aufbringen der Bakterien auf das Nährmedium passen sich die Bakterien zunächst an die neuen Lebensbedingungen an, d. h., die Bakterien bilden Enzyme, mit denen sie die angebotenen Nährstoffe (Energiespeicher) als Substrate nutzen können. Während dieser Phase vermehrt sich die Kultur nur langsam.
2. Log-Phase; Vermehrungsphase
   Die Bakterien haben sich an das Nährmedium angepasst und vermehren sich nun mit einer maximalen Teilungsrate exponentiell. Die Generationszeit nimmt in dieser Phase den kleinsten Wert an.
3. Phase – Gleichgewichtsphase zwischen Vermehrung und Absterben
   Die im Nährmedium vorhandenen Nährstoffe werden verbraucht, ihre Konzentration nimmt ab. Die Bakterien geben die Endprodukte ihres Stoffwechsels an ihre Umgebung (in diesem Falle an das Nährmedium) ab. Diese können auch toxisch ein. Die Folge ist, dass die Vermehrungsrate abnimmt und die Absterberate zunimmt. In dieser 3. Phase befinden sich beide Raten im Gleichgewicht und leiten in die Sterbephase über.
4. Phase; Sterbephase – mögliche Sporenbildung
   Sind Nährstoffe in der Bakterienkultur kaum noch vorhanden, kommt es häufig zu einer Bildung von giftigen Stoffwechselprodukten. Die Bakterien sterben wegen mangelnder Nährstoffe oder toxischer Stoffwechselprodukte ab. Bei Clostridien[12] und Bacillusarten ist Sporenbildung[13] möglich.

---

[12]Clostridien (gr. klostridio – Spindel) sind grampositive, obligatanaerobe, Sporen bildende Bakterien aus der Familie der *Clostridiaceae*. Die Endosporen sind hitzeresistent und können in siedendem Wasser viele Stunden, einige bei 110 °C etwa eine Stunde überleben.

Diese Bakterien treten überall auf, sie sind ubiquitär, vor allem in Böden, im Verdauungstrakt von höheren Lebewesen. Mittels Staub- und Erdpartikel gelangen sie auch in Lebensmittel und zersetzen zuckerhaltige Produkte.

[13]Sporen [gr. spora – Samen].

Sporen sind Keimzellen von Pflanzen und Mikroorganismen und dienen der ungeschlechtlichen Vermehrung und Verbreitung.

Die Bakterien können sie auch als Dauerformen annehmen. Sie zeichnen sich durch eine besonders hohe Hitzebeständigkeit (Thermoresistenz) bis über 100 °C aus.

Die Sporen stellen kein zwingend zu durchlaufendes Stadium in einem Generationszyklus der Bakterien dar. Unter günstigem Nährstoffangebot vermehren sie sich auf unbegrenzte Zeit durch Teilung als vegetative Zellen. Die Sporenbildung wird ausgelöst, wenn Nährstoffe fehlen oder sich giftige Stoffwechselprodukte anhäufen. Austrocknen bewirkt keine Sporenbildung.

Anzumerken ist bei diesen Wachstumsphasen einer Bakterienkultur, dass von aus-
gebildeten Bakterien ausgegangen wird. Sie müssen nicht erst „geboren" werden.

Weiterhin ist festzustellen, dass ein Absterben nur durch Nährstoffmangel oder
toxische Substanzen erfolgt, nicht durch einen natürlichen biologischen Alterungs-
prozess wie bei höher entwickelten biologischen Spezies.

Bakterien zeichnen sich durch eine sehr hohe Mutationsfähigkeit aus.

– *Evolution und Evolutionsstufen* [E. Steps of Evolution]

Evolution ist die fortlaufende vererbbare Anpassung von Lebewesen an umfang-
reiche und einschneidende Veränderungen ihrer Umgebung. Die Evolution ist im
Vergleich mit der Dauer eines Individuallebens ein sehr langsamer Prozess. Deshalb kann man sie als eine unendliche Folge von veränderten Fließgleichgewichts-
zuständen auffassen. Darunter ist der ständige Umbau von Organismensubstanz
und ihrer Funktionen zu verstehen, um das Fließgleichgewicht mit der natürlichen
Umwelt aufrechtzuerhalten. Die Organismen einer Spezies streben immer eine
Balance mit ihrer *inneren und äußeren Umwelt* an und halten diese stets im Wechsel zwischen Aufbau- und Abbaureaktionen des Stoffwechsels aufrecht.

Evolution beruht auf der ergänzenden Wirkung von Mutation, erblicher Variation
durch Umkombinierung der DNS-Struktur und damit Selektion und Isolation der
Genotypen. *Evolution* führt zur Entwicklung von vererbbaren Eigenschaften, die
von arterhaltendem Wert sind und stellt die Endstufe der genetischen Vorstufen von

Replikation[14] → Mutation[15] → Variation[16] → Selektion[17] → Isolation[18] →
Evolution[19].

Nur Populationen einer Spezies unterliegen einer Evolution, nicht das Individuum. Denn Evolution setzt Variabilität der Population voraus.

Innerhalb einer Population von Individuen ist die Mehrheit zu einem bestimmten Zeitpunkt gewöhnlich an die herrschenden Umweltbedingungen gut angepasst.
Eine gewisse Minderheit weicht genetisch davon ab und ist auf mehr oder weniger erträgliche Weise schlecht eingestimmt. Sie führt ein Nischendasein. Wenn
sich die Bedingungen ändern, kann diese Variabilität ausreichen, dass dieser kleine
vorher schlecht angepasste Bruchteil der ursprünglichen Population nun besser als
die Mehrheit mit den neuen veränderten Umweltbedingungen zurechtkommt. Die
Population wird sich im Laufe aufeinanderfolgender Generationen ändern, und die
vorher weniger Begünstigten werden die neue Mehrheit der Überlebensfähigen.

---

[14]Replication (lat. replicare – entfallen) – Wiederholung von Vorlagen.Reduplikation (lat.
duplex – doppelt) – Verdoppelung.

[15]Mutation (lat. mutare – ververändern, wechseln) – sprunghaft auftretende Veränderung.

[16]Variation (lat. variatio – Veränderung, Abwandlung) – Abweichung, Veränderung.

[17]Selektion (lat. seligere – auswählen) – trennscharf auswählen.

[18]Isolation (lat. insula – Insel; ital. isolare – abgrenzen) – Abgrenzung, Abtrennung.

[19]Evolution (lat. evolutio – allmähliche Entwicklung; evolvere – abwickeln) – biologische Entwicklung.

Wenn die gesamte Population identisch wäre und alle Individuen auf die ursprünglichen Lebensverhältnisse gut eingestimmt wären, dann wären alle gleich schlecht auf neue veränderte Umweltbedingungen vorbereitet. Diese *Uniformität* würde tödlich sein.

- *Replikation (Reduplikation)* [E. Replication]
  Replikation ist die identische Verdopplung einer doppelstrangigen DNS-Helix-kette. Das ist gleichbedeutend einer identischen Verdopplung des Erbgutes. Es ist ein autokatalytischer Prozess, der über die Zwischenstufe der komplementären Negativmatrize verläuft. Die beiden Stränge der DNS-Doppelhelix sind zuein-ander komplementär. Zusammen mit den bei ihrer Replikation neu entstehenden Komplementärsträngen bilden sich zwei doppelstrangige DNS-Tochtermoleküle. Die Replikation trägt das Potenzial der Mutation in sich. Dieses Potenzial regt die Nukleinsäureketten an, sich möglichst fehlerfrei zu verdoppeln. Irrtümer und Defekte können entstehen durch Zufälle und durch Einwirkungen der Umwelt.
- *Mutation* [E. Mutation]
  Mutation ist die sprunghafte qualitative oder quantitative Veränderung der Sequenzen der DNS-Bausteine (Nukleotide) und der DNS-Strukturen, die die Erbfaktoren in den Zellen gespeichert enthalten.
  Mutationen sind die Folge unscharfer Replikationen, d. h. einer fehlerhaften genetischen Neusynthese der DNS oder von Außeneinwirkungen hervorgerufe-nen Abwandlung der genetischen Substanz. Das Ergebnis einer Mutation kann zu einer Verminderung, Verlagerung oder Erhöhung der Teile des Erbmaterials führen.
  Sie sind zufälliger und ungerichteter Art. Es kann nicht vorausgesagt wer-den, in welche Richtung das betroffene Gen bzw. Merkmal sich verändert. Mutationen sind die Quelle und Voraussetzung für den evolutiven Fortgang einer biologischen Spezies.
- *Variation (Variantenbildung)* [E. Variation]
  ist eine genetisch spontane oder induzierte Abänderung von Eigenschaften eines Organismus (Individuums) oder einer Population. Unterschieden wird zwischen vererbbaren Veränderungen (Rekombination) und vorübergehenden umweltbedingten Variationen.
- *Selektion* [E. Selection]
  Nach der Mutation erfolgt die *Selektion*. Aus der Vielzahl der variabel ver-änderten DNS-Molekülen werden diejenigen ausgewählt, die eine planvolle Anpassung der Organismen, Organismenteile und -eigenschaften an eine sich wandelnde Umwelt begünstigen und damit ihre Überlebenschancen optimieren.
- *Biologische Isolation* [E. Biological Isolation]
  Die biologische Isolation ist ein der Evolution begleitender Prozess (s. Abb. 7). Die Evolution[20] führt im Verlauf der Generationen zur Veränderung des geneti-schen Systems der Arten. Zu einer Art wird eine Gruppe Populationen[21] ähnlicher

---

[20]Evolutio, lat. – allmähliche Entwicklung.

[21]Populus, lat. – Volk.

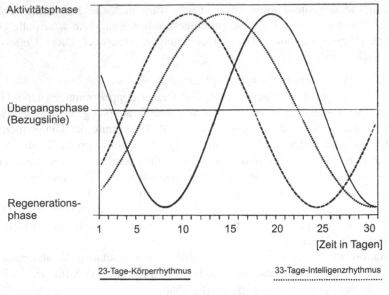

Aktivitätsphase

Übergangsphase
(Bezugslinie)

Regenerations-
phase

     1   5   10   15   20   25   30

[Zeit in Tagen]

23-Tage-Körperrhythmus   33-Tage-Intelligenzrhythmus

28-Tage-Seelenrhythmus

Abb. 7 Biorhythmen des Menschen zwischen Aktivitäts- und Regenerationsphase [E. bio-rhythms of man between activity phase and regeneration phase]. Die Biorhythmen des Menschen sind als harmonische Schwingungen ausgemacht worden, die sich als Körperrhythmen, Seelen-rhythmen und Intelligenzrhythmen überlagern. Ihre Aussagen werden merkwürdigerweise bei der Festlegung von Arbeitszeiten und Ruhephasen in einer modernen Industriegesellschaft kaum berücksichtigt. Manches menschliche Versagen in der Handhabung von technischen Vorgängen ist auf Nichtbeachtung dieser natürlichen Gegebenheiten zurückzuführen. Körper-, Seelen- und Intelligenzrhythmus können in ihren Phasen verschoben sein. Das Ergebnis ist dann eine Verstär-kung oder Abschwächung der jeweiligen Körper-, Seelen- oder Intelligenzkondition. Für jeden einzelnen Menschen gilt, es selbst durch kritisches Beobachten herauszufinden, in welchen Zei-ten sein optimales individuelles Wohlbefinden liegt

Einzelwesen zusammengefasst, die sich geschlechtlich vermehren bzw. frei kreu-zen. Die Isolierung einer Gruppe gegenüber ihrer Population, d. h. anderen Grup-pen, kann auf vielfältige Weise erfolgen. Zum Beispiel:

Reproduktive Isolation
Reproduktive Isolation ist die Unterbrechung des Genflusses zwischen Populatio-nen der ursprünglich selben Art. Diese können anschließend mit Mitgliedern der anderen Population(en) keine fruchtbaren Nachkommen mehr zeugen, wie es die biologische Definition einer Art verlangt. Sie ist damit ein wesentlicher Vorgang bei der Bildung neuer Arten.

Die ökologische Isolation[22]
Ökologie ist die Lehre von den Beziehungen der Lebewesen untereinander.

Unter der ökologischen Isolation ist die räumliche und zeitliche Isolierung zu verstehen. Bei räumlicher Isolation befinden sich die Paarungsorte der beiden Geschlechter an unterschiedlichen Stellen. Außerdem stimmen die Zeiten für die Begattung, Brunft oder Blüte nicht mehr überein. Die Fortpflanzungstriebe entwickeln sich zu unterschiedlichen Tages- und Jahreszeiten.

Die ethologische Isolation[23]
Dies ist die Veränderung in der Auslösung von triebhaftem Verhalten beim Balzen, der sexuellen Anziehungskraft, der Kopulation und Brutpflege.

Die mechanische Isolation
Eine Kopulation[24] oder Pollenübertragung ist wegen der unterschiedlichen Größe und Ausgestaltung der Genitalien oder der Blüten nicht möglich.

Die genetische Isolation
Die weiblichen und männlichen Keimzellen reagieren nicht miteinander, oder die Spermazellen sind im weiblichen Geschlechtstrakt bzw. die Pollen auf der Blütennarbe nicht lebensfähig.

Lit.: Spektrum der Wissenschaft, Verlagsgesellschaft mbH & Co., 6900 Heidelberg, Ernst Mayr, Evolution (1982).

---

[22]Oikos, gr. – Haus.

[23]Ethos, gr. – Gewohnheit.

[24]Copula, lat. – Band, Verbindung; Kopulation = Verschmelzung der Geschlechtszellen, Begattung.

Literaturhinweise [E. References]

[1a] Bloch, W. (1918), Einführung in die Relativitätstheorie, Verlag und Druck von B. G. Teubner in Leipzig und Berlin.

[1b] Aristoteles, Physik V, 1 225 a 34.

[2]   Atkins, P. W. (1981), The Creation, W. H. Freeman and Company Limited, Oxford, dt. Ausgabe: (1984), Schöpfung ohne Schöpfer, Copyright Rowohlt Verlag GmbH, Reinbek bei Hamburg. (1995) The periodic kingdom, A journey into the land of the chemical elements, Orion Group Ltd./Basic Books, dt. Ausgabe: 1997, Im Reich der Elemente: ein Reiseführer zu den Bausteinen der Natur, Spektrum Akademischer Verlag GmbH, Heidelberg, Berlin.

[3]   Chargaff, E. (1981), Das Feuer des Heraklit, Skizzen aus dem Leben der Natur, Verlagsgemeinschaft Ernst Klett-J. G. Cotta'sche Buchhandlung GmbH, Stuttgart.

[4]   Davis, D. (1995), About Time, Einsteins unfinished revolution, Simon and Schuster, New York.

[5]   Eigen, M. (1987), Stufen zum Leben, Die frühe Evolution im Visier der Molekularbiologie, R. Piper GmbH & Co. KG, München.

[6]   Drews, J. (1992), Naturwissenschaftliche Paradigmen in der Medizin, E. Hoffmann-LaRoche AG, Basel, Schweiz.

[7]   Eigen, M. u. Winkler.R. (1976), The Game of Revolution, Interdisciplinary Science, Review 1, Nr. 1 p. 19–30.

[8]   Feynman, R. (1993), Vom Wesen physikalischer Gesetze, Piper Verlag, München.

[9]   Haken, H. (1981), Erfolgsgeheimnisse der Natur: Synergetik, die Lehre vom Zusammenwirken, Deutsche Verlags-Anstalt GmbH, Stuttgart.

[10] Hawking, St. (1988), A Brief History of Time: From the Big Bang to the Black Holes, Bantam Books, New York, dt. Ausgabe (1989): Eine kurze Geschichte der Zeit, Rowohlt Verlag, Reinbek bei Hamburg.

[11] Kant, I. (1771), Kritik der Urteilskraft, § 80. Von der notwendigen Unterordnung des Prinzips des Mechanismus unter dem teleologischen in Erklärung eines Dinges als Naturzwecks, Philosophische Bibliothek Band 39 a, unveränderter Nachdruck 1974 der sechsten Auflage von 1924 ISBN 3-7873-0103-8.

© Springer-Verlag GmbH Deutschland 2017   61
V. Hopp, *Die Herleitung biologischer Hauptsätze*,
DOI 10.1007/978-3-662-54463-1_4

[12] Keynes, R. (2001), Annie's Box, Charles Darwin, his daughter and human evolution, Fourth Estate, A Division of Harper Collins Publishers, Fullham Palace Road, London W6 8JB.

[13] Lotka, A. J. (1945), The Law of Evolutions as a Maximal Principle, Human Biology 17, p. 186.

[14] Mayr, E. (1998), Das ist Biologie: Die Wissenschaft des Lebens, Spektrum Akademischer Verlag GmbH, Heidelberg-Berlin; amerikan. Originalausgabe (1997): This is Biology, Belknap Press/Harvard University Press.

[15] Prigogine, I. u. Stengers, J. (1980), Dialog mit der Natur, R. Piper u. Co. Verlag, München. (1979) La nouvelle Alliance, Metamorphose de la Science, Edition Gallimard, Paris.

[16] Prigogine, I. (1998), Die Gesetze des Chaos, Inseltaschenbuch 2185, Insel Verlag, Frankfurt am Main; ital. Originalausgabe: Le leggi del chaos, Editori Guis. Latera u Figli, Roma u. Bari, 1993; Franz. Ausgabe: Les lois du chaos, Edition de la Fondation Maison des Sciences de l'Homme, 1995.

[17] Rifkin, J. (1980), Entropy, a new world view, Foundation on Economic Trends, published by arrangement with the Viking Press, 27 Wright Lane Londeon W8 TZ.

[18] Serres, M. (1994), Der Naturvertrag, edition suhrkamp 1665, Suhrkamp Verlag, Frankfurt am Main; franz. Originalausgabe: Le contract naturel, Editions Francois Bourin, Paris, 1990.

[19] Schaltegger, H. (1984), Theorie der Lebenserscheinungen, Steuerung chemischer, biologischer, sozialer Prozesse und der Evolution, S. Hirsch Verlag, Stuttgart.

[20] Schrödinger, E. (1944), What is life?, Cambridge University Press, Cambridge, and (1961), Nature and the Greeks and Science and Humanism; dt. Ausgabe: (2001), 5. Aufl., Was ist Leben?, Piper Verlag, München.

[21] Smith, A. (1999), Wohlstand der Nationen, 846 S., Übersetzer: H. C. Recktenwald, dtv München, Originaltitel: The Theory of Moral Sentiments.

[22] Snow, Ch. P. (1959), Two cultures, Cambridge University Press.; dt. Ausgabe (1967), Die zwei Kulturen, Klett Verlag, Stuttgart.

[23] Sugden, A. M.; Jasny, B. R.; Culotta, E. and Pennisi, E. (2003), Charting the Evolutionary History of Life, Science, Vol 300, pages 1691–1709.

[24] Wächtershäuser, G. (2001), Die Entstehung des Lebens, erschienen in Verhandlungen der Gesellschaft deutscher Naturforscher und Ärzte (GDNÄ), 121. Versammlung vom 16.–19.9.2000, S. Hirzel Verlag, Stuttgart und Leipzig.

[25] Klages, L. (1998), Mensch und Erde, Eine Philosophie des Lebens, Grundlagen-Verlag, E. Müller, Postfach 151, Tönning.

[26] Hopp, V. (2000), Grundlagen der Life Sciences, Chemie – Biologie – Energetik, Wiley-VCH Verlag GmbH, Weinheim.

[27] Lehninger – Biochemie (Springer-Lehrbuch)(2010), Autoren: Nelson, D.; Cox, M.; 4. Auflage, Springer-Verlag, Heidelberg.

[28] Hopp, V. (2016), Wasser und Energie – ihre zukünftigen Krisen?, 2. Aufl. Springer Spektrum, Springer-Verlag Berlin, Heidelberg.

[29] Gates, D. M. (1974), Der Energiefluss in der Biosphäre, Mannheimer Forum 74/75. Hrsg. H. von Ditfurth, Boehringer Mannheim GmbH, Mannheim.

[30] Miram, W. und Scharf, K.-H. (1981), Biologie heute, Herman Schroedel Verlag KG, Hannover.

Contents

Lectures:
17. IUPAC Conference on Chemical Thermodynamics—Rostock, 28. Juli–2. August 2002
4th International Conference on Quality, Reliability and Maintenance, QRM 2002, University of Oxford, UK, 21–22th March 2002
6th WFEO World Congress on Engineering Education
2nd Asee Internationl Colloquium on Engineering Education, June 20–23, 2003, Nashville, Tennessee
21st European Symposium on Applied Thermodynamics, ESAT 2005, June 1–5, 2005, Jurata, Poland
Lecture Hochschule Sachsen-Anhalt, Köthen, 5. July 2005
Reference: Hopp, V. (2009), Biological Principles—How can these be formulated?
The ARY SUTA Center, Series on Strategic Management
ISBN: 978-979-17748-0-2, Jl. Prapanca III, No. II, Jakarta, 12160, Indonesia

An English Summary: Biological Principles—How Can These Be Formulated?

Preface

Our environment is a biological system. This fact must be accepted.

Technology must be adapted to the demands of nature.

Scientists and engineers of all disciplines should have a good understanding of biological relationships. During their studies students of science and engineering must be educated in such a way, that they acquire a feeling for biology.

The following biological principles may give further stimulation.

1 Introduction

Thermodynamics in its widest sense is the science of energetic states and changes and conversions of materials [2]. Their fundamental results were summarized to the thermodynamic principles in the nineteenth century by:

Lectures:

17. IUPAC Conference on Chemical Thermodynamics—Rostock, 28. Juli–2. August 2002

4th International Conference on Quality, Reliability and Maintenance, QRM 2002, University of Oxford, UK, 21th–22th March 2002

6th WFEO World Congress on Engineering Education

2nd Asee International Colloquium on Engineering Education, June 20–23, 2003, Nashville, Tennessee

21st European Symposium on Applied Thermodynamics, ESAT 2005, June 1–5, 2005, Jurata, Poland

Lecture Hochschule Sachsen-Anhalt, Köthen, 5. Juli 2005

Reference: Hopp, V. (2009), Biological Principles - How can these be formulated?The ARY SUTA Center, Series on Strategic ManagementISBN: 978-979-17748-0-2, Jl. Prapanca III, No. II, Jakarta, 12160, Indonesia

© Springer-Verlag GmbH Deutschland 2017

V. Hopp, *Die Herleitung biologischer Hauptsätze,*

DOI 10.1007/978-3-662-54463-1_5

R. Clausius (1822–1888), H. L. Helmholtz (1821–1894), J. W. Gibbs (1839–1903),

L. Boltzmann (1844–1906) and H. W. Nernst (1864–1941).

The thermodynamic principles have supplied the basis of knowledge for the technological development during the past two hundred years. They may also be applied to the biological system. But a biological system is very complex and therefore the laws of thermodynamics do not cover the essential points of life [2, 14].

2   Beyond Life

It is not possible to define *"life"*. One can only describe its phenomena and properties [20]:

e.g.:

- metabolism, i.e. anabolism and catabolism respectively. Metabolism comprises the transformation of physiological energy and matter as well as information. They are joined.
- excitability, that means movement and information. Life is characterized also by mechanisms of collection, storage and transmission of information.
- reproduction i.e. the reproductive instinct
- adaptation, that means the adaptation to changing living conditions
- mutation and selection, the heredity of variations and changes of typical behaviour patterns and organs by gene flow or gene mutation.
- self-likeness is a typical characteristic of a species. It is the recurrent appearance form of the individuals and of the whole species respectively in the course of generation sequence.

Aristotle (384–322 B.C.) said: Life is the ability of an animated system to move out of itself.—Plants move vertically. According to *Aristotle,* movement is not only a change of location, but also a change of quality, that means conversion [1].

One can understand life to be as a change of quality of matter. In addition one can say:

- Life also means a transformation of energy into directional movement, that is a continual and controlled release of small quantities of energy. The chemical compound ATP, adenosintriphosphate, plays a central role.
- Life is a special state of energies, materials and information flows.

The origins and reasons cannot be explained (Fig. 1).

- life based on the principle of the supplementary polarity.
- life is characterized by variation and not by uniformity of the population and of their individuals.

No statement completely covers the total phenomenon of life in its essential point.

Fig. 1 Evolutionary spiral—the cycle phases from simple to complex macro-structures. The chemical-biological evolutionary spiral reflects the construction molecules and active substances of Darwin's changed *Tree of Life* [19]. In this new version plants find their places on the *Tree of Life. Ref.:* Andrew M. Sugden, Barbara R. Jasny, Elizabeth Culotta and Elizabeth Pennisi discussed this new version in Science *Vol 300 pages 1691–1709*

At the end of the twentieth century molecular biology developed very successfully and advanced to an interdisciplinary basic field of molecular science. This discipline involves parts of biochemistry, molecular biology, medicine and pharmacy.

Chemistry is the science of energy and material conversion and of the description of the properties of materials.

Physics is the science of the state and movement of the matter in nature within the astro- and nanorange. It is the science of the mathematical description of the behaviour of matter through laws.

Biology is the science of living organisms, that means of their self-sustaining abilities like metabolism, reproduction, self-organization and self-regulation. Although all vital processes may be described in chemical categories, is life more than the interaction of physical and chemical processes. The driving factor for the self-sustaining abilities is not known (Ernst Mayr 1904–2005) [14].

The introduction of the parameter of time was a decisive step to the description of time dependent processes, interactions and communicative properties of physical, chemical and biological systems [3].

The terms reversibility, thermodynamical equilibrium, irreversibility were defined. In the case of reversible processes there is no difference between past and future. Irreversible processes are oriented unilaterally into the future. Such processes develop out of the past [6, 8]. L. Michaelis (1875–1949) and M. Menten (1878–1960) formulated the equation of flow equilibrium (1913).

Irreversible processes are one-sided, flow equilibriums are also irreversible.

- *Biological systems are open systems.* Therefore they can exchange matter, energy and information with their surroundings. Their internal structures are flexible and have many degrees of freedom in order to make modification possible.

  Biological processes are irreversible they are unilaterally oriented into the future. They may be accompanied by continual variations of living individuals (Fig. 2).

  There are partial processes within irreversible biological proceedings, which repeat themselves like cycles. But in their totality these partial processes are irreversibly subordinated as illustrated in the following sketch.

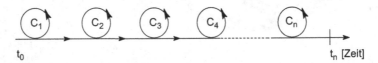

C_x = subordinated cycles, relative pre-equilibria within the irreversible processes.
t = time
Flow equilibrium (steady rate): unilaterally oriented biological proceedings with subordinated cycles

- *Isolated systems are static.* They have no exchange of matter, energy and information with their surroundings. They have no degrees of freedom for self-regulation and adaptation to altered situations.

  The irreversible phase–transformation is typical for the lifetime of an individual (Fig. 2).

  Dynamic processes of biological systems including those of man, must be represented in sequences of generations. That means the parameter of time must be the generation phase. Only this unit time makes it possible to compare the different patterns of life and behaviour of the various species [10].

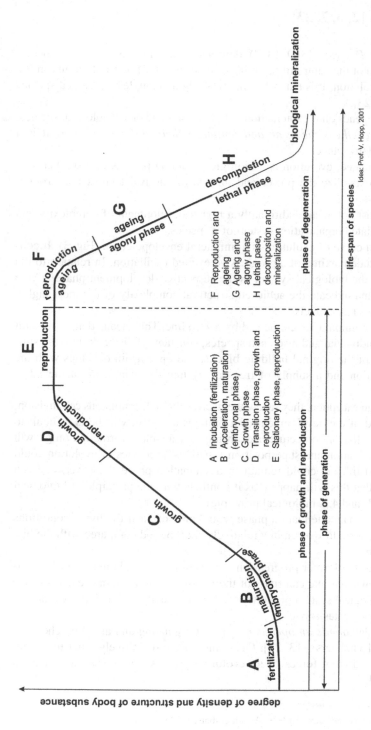

Fig. 2 Irreversible biological phase—transformation as a flowing transition. Between the phases of generation and duration of life one must differ. The phase of generation is the time of growth and reproduction. Survival of the species is of uppermost importance. In general, the generation-phase is shorter than the life-span (Reference by William S. Butcher, Ph. D., P. E., National Science Foundation, Arlington, USA). Biological phase transformations are the result of the self-organization of matter and a consequence of a chemical conversion of structure, accompanied by changing the properties of the actual substances, their biological functions and effect-mechanism. The phase transformations follow spontaneously and are irreversible [18]

Within the figure:

degree of density and structure of body substance

A fertilization
B embryonal phase / maturation phase
C growth
D reproduction / growth
E reproduction
F ageing / reproduction
G ageing / agony phase
H lethal phase / decompostion / biological mineralization

A Incubation (fertilization)
B Acceleration, maturation (embryonal phase)
C Growth phase
D Transition phase, growth and reproduction
E Stationary phase, reproduction
F Reproduction and ageing
G Ageing and agony phase
H Lethal pase, decompositon and mineralization

phase of growth and reproduction
phase of generation
phase of degeneration
life-span of species

Idea: Prof. V. Hopp, 2001

3   *Evolution* [2, 6, 7, 23]

Charles Robert Darwin (1809–1882) demonstrated with his evolution theory, that mankind is not the centre of the biological system [12], but only a link in the long chain of evolution. It is currently the most highly complex developed species (Figs. 1, 3) [12, 23].

Its survival depends on the interaction between itself and other biological species.

Evolution strengthens the weak and optimizes their ability to survive. It is a process of self-deliverance.

Simply formulated, evolution is a biological training process of a weaker species in order to stabilize the power and chance of survival against the stronger environment.

Evolution must not mean additionally a higher development of complexity and a more differentiated organisation system of a species.

The indicated curve of evolution is a unilateral envelope curve (Fig. 3). It connects the amplitude maxima of a progressive excited oscillation. In relation to the development of the biological system in the respective development phase "t" the amplitude maxima indicate the achieved structural complexity of the most highly developed species respectively.

The amplitude minima are connected by a zero line. This means that, as a result of death, each individual and also each species, constantly falls back, into the simplest structures of the original building blocks, and once again develops with the aid of reproduction and a supply of free energy into the complexity achieved in each instance.

Bacteria are an exception, they renew themselves through continuous cell division.

What the end of the development of a biological system will be is difficult to predict, and a matter of conjecture. According to available information on growth progression, attenuation and superposition functions, processes of evolution could come to a standstill, i.e. could remain in a stagnation phase. However, one can hardly assume that this will happen, as it conflicts with the principle of biological survival (see 4.1. and 4.2. biological principle).

A transition into an attenuation phase would only occur if the living conditions in the biosphere were to worsen in a relatively short period compared with the history of the Earth.

Experience of the former progression concerning the developments of biological systems shows that one can rule out the possibility of a resonance-catastrophe for the total biological system of the world. Nevertheless particular species may be the victims of such catastrophe.

Biological evolution is an open concept, self-regulating and aided by chemical mechanism and vitalizers[1] [13, 24]. One cannot state definitively what the releasing factors and driving forces of an evolution processes are. They are of great diverse [14, 24].

---

[1]Vitalizer is a dual feedback catalyst (s. G. Wächtershäuser) [24].

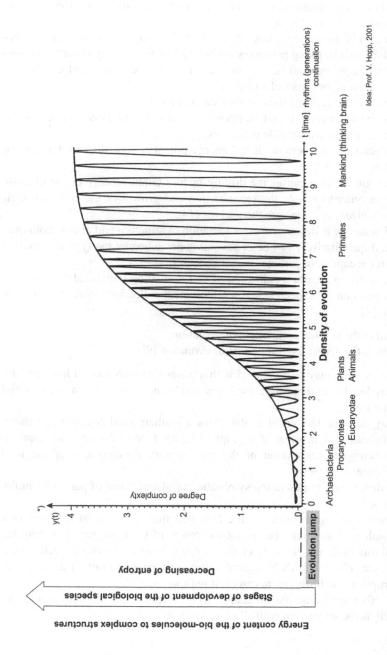

Fig. 3 Life cycles of biological systems. $Y(t) =$ Elongation, Degree of complexity

Living systems need a lot of free energy, called Gibbs' Energy. These systems absorb or take it up in the form of solar energy or substances, e.g. food.

A part is converted into specific higher organized body substances by cells during reproduction and growth.

Another part of the taken up free energy is used for the preservation life's functions. Parallel to these living processes further part of free energy is converted into heat, enthalpic entropy, and in low molecular substances, chemical entropy. In general this is the highest part of free energy.

Cells sort out the heat and the low molecular substances.

When viewed chemically and thermodynamically the released entropy is the driving factor of these irreversible processes.

Each substance has a certain Gibbs' energy potential according to the thermodynamic state.

The question is, what causes the driving factor? Gibbs' energy or the increase of entropy in order to enable the reproduction and growth of the cells and their ability to organize and regenerate themselves [14].

Natural mutation is the spontaneous variation of structure and effects both qualitatively and quantitatively of one or several genes whereby the type of variation is subject to the caprice of fortune (law of probability) [9, 15].

Natural selection creates a collection of self-delivering individuals of a heterogeneous population of a species. It is a teleological collection oriented to suitability and use [9].

- *Mutation* is the random component of evolution.
- *Selection* is the necessary component of evolution [9].

A biological system may be compared with a wafer-thin web. Indeed it is very stable and may be able to regenerate itself, but it does not endure too many artificial (synthetic) flaws.

One may describe biological evolution as a mathematical function and therefore, to illustrate this in form of a graph (Fig. 3). It may demonstrate approximately the complex correlation of the evolutionary development of the total biological system.

Such a description points to the symbiotic interdependence of particular biological species.

Furthermore the graph indicates the fact, that man is placed at the apex of a complex biological structure, but is not the centre of the total partial system, but as the final link in the evolutionary chain his dependence on all other species becomes very clear. Planet earth's biological system can exist and further develop without interruption and furthermore can exist without man.

On the other hand man has no chance to survive without the mutual relationship as well as the interaction with all other species.

4   Definitions of Biological Principles

4.1   The Zero Biological Principle—Of Life, Matter and Energy

Life is bound together with complex structured matter and useful work and consequently with metabolism. It is a special state of matter with a highly structured rank within certain flexible limits. Such substances are characterized by a high adaptability and stability. One depends on the other.

Explanation:

Matter is characterized by its physical, chemical and biological properties. Aperiodic crystals are the carrier of biological properties (Fig. 1).

It assumes special states depending on the conditions of the environment: Temperature, pressure, concentration of matter, pH-value and internal energy.

Life is a special state. It is not possible to describe sufficiently this vital state through thermodynamic parameters. Metabolism, reproduction, regeneration and evolution are typical abilities of life, in other words mutation and selection.

This complex structured matter is the resource for biomaterials, bioactive substances and the storage for useful work. Bio-materials are used for building the body's own substances. Bio-active substances care for the function of material conversion and modification. According to the second law of thermodynamics the useful work is the free energy, which converts completely into other energy forms without loss. It is the condition for the self-control, self-organization and self-renewal of the biological systems and evolution too accordingly. But the *free energy* is not sufficient to initiate that, which is typical for a living system.

The dimension of evolution is determined by mutation and selection. Evolution is a process of permanent change and takes place over an infinitely long series of generations. Evolution's driving power may never be discovered [2].

4.2   The First Biological Principle—The Urge of the Biological Species to Survive

In spite of all threats to existence a species always tries to survive.

Explanation:

This urge of each biological species to survive is so obvious that every opportunity for adaptation, mutation and selection is utilized in order to overcome all life's contradictions and inconsistencies.

4.3   The Second Biological Principle—The Sacrifice of Individuals by the Species in Times of Crisis

The population of a species reduces itself in times of crisis until its survival is assured again. The reduction of population occurs by an active or passive sacrifice.
   Explanation:
   Active sacrifice of individuals means the withdrawal of food or even killing of a number of individuals. Reduction of the reproduction process of the species is a passive sacrifice. This is usual in the vegetable kingdom.
   If the survival of a biological species is in serious danger, e.g. by shortage of food and living space, pathogenic agents or enemies, individuals will be sacrificed till danger is passed and life is secure again.
   A population of a biological species reduces to a corresponding number of individuals in order to survive in its totality.

4.4   The Third Biological Principle—The Interaction of Individuals and the Population

The vital process of an individual of a species is subject to a biological transformation phase, that of a total species is subject to the rhythms of generation sequences. Both, the individuals and the population are generally in a balance of activity and regeneration (Figs. 2 and 4).
   Explanation:
   Life is an open system and goes on irreversibly and is therefore unilaterally oriented in the future. In the case of individuals it manifests itself as biological transformation phases[2] step by step from fertilization to mortality (Fig. 2). The agony phase precedes death. It manifests itself by a degree of disorganization of the biological substance and consequently its inflexibility [19]. Death is the destruction of biological substance, that means the dissolving of complex structures. The totality of the substance remains constant. The principle characteristic of life continuation of the population species is the rhythm of the generation sequences.
   The rhythm of an individual is characterized by phases of activities and regeneration (Fig. 4). Both for the individual, as well as for the population, the processes of life are rhythmical processes. The development of the total biological system manifests itself as a progressive excited oscillation which means the rhythm of evolution (Fig. 3).

---

[2]Biological phase transformations are the result of the self-organization of matter and a consequence of a chemical conversion of structure, accompanied by changing the properties of the actual substances, their biological functions and effect-mechanism. The phase transformations follow spontaneously and are irreversible [18].

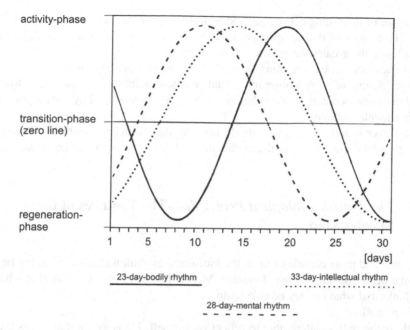

activity-phase

transition-phase
(zero line)

regeneration-
phase

1   5   10   15   20   25   30
[days]

23-day-bodily rhythm   33-day-intellectual rhythm

28-day-mental rhythm

Fig. 4 Biorhythms of man between activity-phase and regeneration-phase. The biorhythms in a human have been determined as harmonic vibrations which overlap as bodily rhythms, mental rhythms and intellectual rhythms. Strangely enough, the information they provide is virtually ignored when establishing working hours and rest periods in a modern industrial society. Many a human failure in the handling of technical processes can be attributed to the non-observance of these natural factors. Man's body rhythms, his intellectual rhythms and his mental rhythms can be displaced. The result is a strengthening or weakening of the relativ conditions of the body, mental state and intellect. Each person must determine for himself, when he has his optimal well-being

The lifetime of an individual is *limited* and that of the population *unlimited*. The rhythm of an individual between the onset of the natal phase to the lethal phase ensures its continuation and intact transmission of the genes, together with stored biological information (genetic trail). The process is irreversible (Fig. 2).

That means the individuals of a species die, but not the species in its totality. The species sustains life through permanent reproduction of its individuals. The latter transfer the genes from generation to generation through the germ tracks of their species. Species will be destroyed only by spontaneous developments in nature.

The third biological principle involves the law of the free enthalpy and of entropy.

In the development of a germ, cell division, fertilization and the following growth of an individual entropy decreases permanently and the free enthalpy increases. The growth phase is synonymous with an increasing density of biological body mass, combined with a higher degree of organization and complexity of structure. Ordinarily the free enthalpy of the environment decreases accordingly and those of the biological species and of individuals increases respectively [2, 12, 17]. The entropy of the environment is forever increasing. The higher the degree of complexity the greater the entropy of environmental increase.

Single cells e.g. bacteria must be excluded from this general statement.

The lifetime of a population in its totality is also unlimited and is subject to the rhythm of one generation to another, so far as it is not destroyed by the eruption of environmental influences.

However individual single cells do not die, they suffer no death but multiply their population according to the mathematical law of geometric progression.

4.5 *The Fourth Biological Principle*—The Features of the Species Man

The final and most complex link in the biological evolution-chain is man, but he is not the centre of the biological system. Man will always try to realize that which he thinks and what he may be able to do.

Explanation:

He is the only creature able to reflect on himself. He is aware that life is transient. Curiosity is the original instinct of his inquiring mind. Man is forever in search of truth.

The typical properties of man are his abilities to think profoundly and to reflect on himself and his unlimited imagination and curiosity.

That includes his rational thoughts and deeds, his memory and his ability to plan into the future. These are the properties which may be conscious to himself and his relationship to nature in the widest sense.

- Only man himself is capable of differentiating between past and future only through his profound thinking [16].
  Contrary to other species man has imagination. This enables him to think and so to place himself into the emotional state, in which he understands the feelings and sentiments of others [21].
  On the other hand man is unable to look beyond the limits of nature's metamorphosis.
- Man is unable to think beyond his mental capacity, he can only recognize and copy that, which nature presents [21].

Man is the only creature who forever offends against the biological principles. Such wanton acts will result in a boomerang effect, which in the long term will induce him to behave in a more biologically friendly manner [18]. Biological processes are long term reactions.

However, this means that man like all other biological organisms is subordinate to basic requirements e.g. metabolism, reproduction, adaptation, mutation and the survival urge. Man is conscious of these without being able to escape from them [3]. Hence, it follows that man is not the centre of the biological system. He must accept that he cannot simply re-model nature in accordance with his own individual ideas. Nature will retaliate.

Lifetime of man is characterized by the bio-rhythms between the phases of the activity and regeneration (Fig. 4). During the phase of regeneration the massive need for free energy must be provided by means of metabolism. This free energy is particularly used up by the brain.

Man depends on all other biological species, but they in turn do not depend on man. The biological system is a symbiotic system (Fig. 5).

At present the species man is characterized by increasing the expectancy of life and decreasing fertility. This development is gradually leading to a reduction in mankind's biological ability to survive. It remains to be seen, if our species compensates this weakness of survival through self-regulation in the next few generations.

The question is, if the mortality rate of the aged increases abruptly will there be a corresponding a wish of the younger generation to produce offspring again.

Outlook of the species man
It would be arrogant to predict the future development of a biological species together with its behaviour.

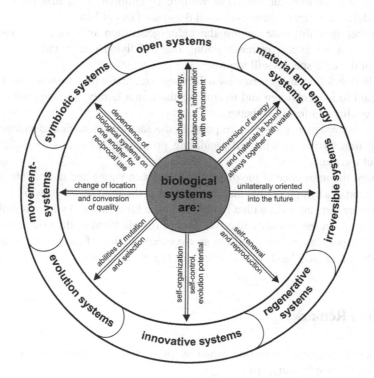

Fig. 5 Essentials of biological systems

The first biological principle (see 4.1) informs one of the urge of the biological species to survive. The direction however is unknown. It reveals itself only in the course of the process. In reference to mankind one may not claim a still higher life expectancy based on the present increase of man's lifetime.

Biological processes should not be extrapolated beyond several generations on the basis of statistical data. This can only lead to significant errors. There are no biological reasons to deduce from the present age structure of man to the structure existing in 2050.

We must assume that the living conditions and the behaviour of human beings will be changed, and about this one cannot make a prediction.

The age structure may change abruptly because the mortality rate of the present older generation will increase in a relatively short time. This effect may be influenced by epidemics.

One of the possibilities is the distribution of infectious diseases through the globalized economy and an increase of the global migration of people. Another reason for a higher mortality rate is the isolation of old people in our industrialized and materialistic society.

Bad nutrition followed by a lingering agony phase and accelerated death is the third factor, caused by industrialized food preparation which has become the norm.

In times of need, e.g. hunger, fresh water-scarcity, epidemics and wars the old people of a generation die first. The welfare of children, is of first importance, young adults take care of themselves. All these are facts of life.

A higher mortality rate among the elder generation will mean an automatic result in a percentage increase among the still living young and the survival chance of the total species will improve.

In addition following generations will recognize, that it may be wise and useful once again to have children and to educate them in a family. The survival chance and the quality of life will be better.

These examples may once more point to the fact that biological developments are long-time processes with self-regulating properties, but it is very difficult to make out the trend.

Perhaps the imbalance of the distribution between young and old people within a generation is a symptom, that man has arrived at the limit of his growth.

Therefore humans react with a reduction in the birth-rate and with a retardation of an increase in the mortality rate. We cannot remain blind to the urbanization of the world's population. This leads to an over-exploitation of the resources of raw materials and of farm land. The necessity for regeneration is ignored.

5   Final Remarks

- A biological system is distinguished by properties other than states of energy and matter respectively, also change.

- If we recognize the fundamental principles of biology we must admit that nature is, of itself, completely stable and requires a lengthy period of time to regenerate.
- However, nature is also very sensitive to sudden and devastating attacks by technology, constantly raping the land in the ever growing quest for natural resources and raw materials.
- Man must finally come to his senses and accept this.
- On describing biological terms and processes in general and defining biological principles one can very easily touch upon more philosophical observations.

  The search for acknowledgement has proved so difficult, because of the unfortunate differentiation between the arts and sciences. Of course both of them have their own methods of thinking and working. The never-ending search should bind them in a common goal for truth and acknowledgement.

  The eminent scientist and author C. P. Snow[3] (1905–1980) stated, that literate modern society was breaking down into two cultures: The scientific and the literary. He complained that scientists don't read Shakespeare and humanists have no sense for the beauty of mathematics [22].

6 Summary

Biological systems are *open systems* (Fig. 5). They exchange energy, matter and information with their environment permanently. These processes are defined as metabolism. The consequence is, that life is bound together with systems of energy and matter. These conversion processes are *irreversible*. They are unilaterally oriented into the future and manifest themselves in reproduction and limited renewal of organs, and the healing of injuries.

Consequently, biological systems are also *regenerative systems*. Their rhythms are the generation sequences of a total species and the biological system. In general rhythms are the measure of time of biological processes.

Dynamic processes of biological systems, including those of man, must be represented in sequences of generations. From the point of view of a micro-organism, the time phase of a minute has a different meaning according to whether one speaks of a fly or a human being. The generation phase of 20 min for an Escherichia Coli is equivalent, in temporal terms, to that of 12 h in the case of a one-day fly and to the generation phase of 20 years in man.

If it is assumed that homo sapiens has existed for approximately 6 million years. He has survived for a period of 300,000 generations, has undergone mutation and selection, and has adopted the form in which he is seen today. On the other hand bacteria having a generation phase of 20 min require a relative time of 11.4 years for 300,000 generations—so, one is surprised at the relatively rapid

---

[3]Charles Percy Snow (1905–1980), english scientist and essayist.

mutability of microorganisms or the development of their power of resistance to toxic substances? In order to arrive at new findings concerning biology, economics and society, man must understand his temporal concept in relative terms.

In a biological sense time is a series of events which convert energy and matter. A part of this useful energy is reduced in irreversible forms i.e. heat energy, the total entropy of the environment is increased.

The generation series makes it possible for biological systems to develop temporarily in opposition to the law of entropy. After the generation phase the lifespan of a species passes into the phase of degeneration, that means decomposition and dissipation relatively and with it an increase of entropy (Fig. 2). There is no limitation of the biological diversity of modifications, structures, complexities and species in an open biological system.

This is characterized by innovative developments. All things that generate and maintain life in macro- und microsphere are possible.

In an open system the number of degrees of freedom is inexhaustible for the manifestation of life. Occurring presumed malformations or weak points within a species give at the same time a chance for the development of new systems. Consequently biological systems are also *innovative systems*.

In biological terms there is no such thing as a quality value. It requires a biological standard of value. This does not exist.

Each species and each biological system has its characteristic quality.

The innovative developments appear in the molecular field through changes variations and combinations of monomers of biopolymers for example nucleic acid, proteins, carbohydrates, phospholipids and others.

Innovative systems also include the potential for evolution and the hereditary ability of biological systems to adapt to changed living conditions and optimize the chances of survival. Mutation and selection are typical criteria of the biological evolution. The particular characteristics are self-renewal, self-organization, self-control and reproduction.

Biological systems are *symbiotic systems*.

In the widest sense biological systems and their species are bound in mutual dependent condition for reciprocal advantage. Partial systems complement one another.

Besides biological systems there are also *movement-systems*. Plants both grow and move vertically. Movement is not only a change of location, but also a change of quality, that means conversion.

In a biological sense there are no malformations. Each species and partial systems are, in themselves of equal value. All together contribute to the maintenance of the total biological system.

In man's view the past evolution may be studied, but it is not possible to predict the aim of evolution. Furthermore disease cannot be eradicated. Pharmaceuticals and treatments may be developed in order to allay sickness temporarily.

For this reason, pharmaceutical and medical research is necessary to recognize causes and symptoms of disease.

The evolution potential of a biological system is inexhaustible, so that the fight against disease will never be completed.

The essence and aim of life and its biological systems is to maintain and continuously to reproduce. Life is more than the interaction of physical, chemical and energetic processes. The thermodynamic and kinetic laws are not sufficient to describe a biological system. That is the consequence of these reflections.

7 Appendix—Definitions

7.1 System

A system is a definable limited and organized arrangement of elements of constructions and/or of functions. They all depend on one another and they are connected by reciprocal actions. This system becomes dysfunctional or breaks down, if one of these elements veers out of order or indicates an irreparable and an alien behaviour.

Elements of constructions and functions may be thoughts, terms, forces, particles of matter and substances respectively, cells etc.

- *science of systems*

The science of systems places the connections and not the isolated single-elements in the foreground. Thinking in systems means to think in connections and context and in processes respectively.

- *biological system*

A biological system is a single cell or an organized arrangement of cells, which is able to reproduce, to regenerate and to cure injuries itself.

One essential characteristic of a living organism and social systems is the ability to adapt to its environment.

Higher organisms have three further essentials:

1. to encounter stress, for instance short term stress and which calls for inflexibility.
2. somatic change, that means adaptation to continuous stress.
3. adaptation of a species through evolution, i.e. mutation and selection, genetic change respectively.

- *Criterion of a biological species*

A biological species this is an institution for the protection of well-balanced, harmonious genotypes.

A species, according to this concept, is a group of interbreeding natural populations that is reproductively (genetically) isolated from other such groups because of physiological or behavioral barriers [14].

7.2   Features of Single Cells (Protista)[4]

In contrast to multi cells (eucaryotae) the body substance of single cells essentially continues in the individuals of the generation series.

After their division there is no abrupt death of the starting cells at the end of the material change. The components of the starting cells continue to exist without interruption of the vital processes. Although the most part of the cytoplasm of the mother cells suffer a thinning process at each repeated division.

Nevertheless the individual originality of the mother cells is lost. They are carried to the following generations. With each cell's division the agony phase looses individual originality and renewal in the form of regeneration passes to another.

7.3   Steps of Evolution

Evolution
   is the continuous adaptation of organisms to changes in their environment. It is a very slow process compared to the lifetime of one individual. Therefore one may interpret it as an infinite series of changed states of flow equilibria.

We understand it as the permanent reconstruction of organism substance and their functions in order to maintain the flow equilibrium with the natural environment.

The organisms of a species always strive for a balance within their internal environment. This balance is always maintained in anabolic and catabolic succession. Evolution depends on the complementary efficiency of mutation, hereditary variation through recombination of DNA-structure and thereby through selection and isolation of genotypes.

Evolution develops hereditary properties of the organisms. These new properties are type supporting and present themselves as the final state of the genetic preliminary stages:

   replication $\rightarrow$ mutation $\rightarrow$ variation $\rightarrow$ selection $\rightarrow$ isolation $\rightarrow$ evolution

Only populations of a species succumb to an evolution, not the individual. Evolution presupposes the variability of a population.

The majority of individuals within a population is well adapted to the conditions of the environment at a certain point of time. A small minority departs genetically from it and it is not optimally adjusted to the environment. It leads life in a niche.

---

[4]Ref.: Erben, H. K. (1978), Über das Aussterben in der Evolution, Mannheimer Forum 78/79, Boehringer Mannheim GmbH, Mannheim.

If the living conditions change, the variability may be sufficient, so that one of the minorities adapts to the new living conditions better than the majority of the original population. The population will be changed in the sequence of generations. The preceding minority of a niche life becomes the new majority of the surviving population. If the total population were identical and all individuals were well harmonized in the original living conditions, then they would be all badly prepared for changed environmental conditions. This uniformity is deadly.

- *replication*

is the identical doubling of a twin-threaded DNA-helix chain. This is synonymous with a doubling of gene matter. It is an auto-catalytical process and it generates via an intermediate stage of the complementary negative matrix.

Both the single chains of DNA-double helix are complementary with one another. They form two new twin-threaded DNA-daughter molecules from the single DNA-chains formed by despiralizing. The replication includes the potential for mutation. This potential stimulates the twin-threaded DNA-helix chain as far as possible to duplicate without fault.

Errors or defects may result accidentally, caused by environmental and other inside and outside influences.

- *mutation*

is the abrupt qualitative and quantitative change of the sequences of DNA-monomers (nucleotides) and DNA-structures, which store the genes in the cells.

Mutations are the result of inaccurate replications, that means a defective genetic new synthesis of DNA or a conversion of the genetic material by external influences.

Mutations may lead to a lessening, a displacement or an increase of parts of the genetic material. Their course is accidental and aimless. One cannot predict the direction or in which manner the affected gene or its characteristic changes.

Mutations are the sources and requirements for the evolved process of a biological system.

- *variation (form of variants)*

is a genetically abrupt or inducted modification of properties of an individual or of a population. One has to differ between hereditary and environmental temporary modifications.

- *selection*

follows mutation. Those variable changed DNA-molecules are selected from the multitude of genes, which favour a methodical adaptation of the organisms and parts as well as their properties to the changing environment. They optimize the survival chance of the species.

- *reproductive isolation*[5]

The mechanisms of reproductive isolation or hybridization barriers are a collection of mechanisms, behaviors and physiological processes that prevent the members of two different species that cross or mate from producing offspring, or which ensure that any offspring that may be produced are sterile. These barriers maintain the integrity of a species over time, reducing or directly impeding gene flow between individuals of different species, allowing the conservation of each species' characteristics.

The mechanisms of reproductive isolation have been classified in a number of ways. Zoologist Ernst Mayr[6] classified the mechanisms of reproductive isolation in two broad categories: those that act before fertilization (or before mating in the case of animals, which are called precopulatory) and those that act after. These have also been termed pre-zygotic and post-zygotic mechanisms. The different mechanisms of reproductive isolation are genetically controlled and it has been demonstrated experimentally that they can evolve in species whose geographic distribution overlaps (sympatric speciation) or as the result of adaptive divergence accompanies allopatric speciation.

---

[5]Mayr, Ernst (1997), This is Biology—the Science of the Living World, Harvard University Press, Cambridge, Massachusetts, London, England.

[6]Mayr, Ernst (1963), Animal species and evolution, Harvard University Press, Cambridge.

Willkommen zu den Springer Alerts

- Unser Neuerscheinungs-Service für Sie:
  aktuell *** kostenlos *** passgenau *** flexibel

Springer veröffentlicht mehr als 5.500 wissenschaftliche Bücher jährlich in gedruckter Form. Mehr als 2.200 englischsprachige Zeitschriften und mehr als 120.000 eBooks und Referenzwerke sind auf unserer Online Plattform SpringerLink verfügbar. Seit seiner Gründung 1842 arbeitet Springer weltweit mit den hervorragendsten und anerkanntesten Wissenschaftlern zusammen, eine Partnerschaft, die auf Offenheit und gegenseitigem Vertrauen beruht.

Die SpringerAlerts sind der beste Weg, um über Neuentwicklungen im eigenen Fachgebiet auf dem Laufenden zu sein. Sie sind der/die Erste, der/die über neu erschienene Bücher informiert ist oder das Inhaltsverzeichnis des neuesten Zeitschriftenheftes erhält. Unser Service ist kostenlos, schnell und vor allem flexibel. Passen Sie die SpringerAlerts genau an Ihre Interessen und Ihren Bedarf an, um nur diejenigen Information zu erhalten, die Sie wirklich benötigen.

Mehr Infos unter: springer.com/alert

Printed in the United States
By Bookmasters